"十三五"江苏省重点图书出版规划项目
新型低碳装配式建筑智能化建造与设计丛书
张宏　主编

# 新型工业化建造设计及其协同模式

张军军　石刘睿恬　著

东南大学出版社

南京

**图书在版编目（CIP）数据**

新型工业化建造设计及其协同模式/张军军，
石刘睿恬著. --南京：东南大学出版社，2020.10
　（新型低碳装配式建筑智能化建造与设计丛书/张宏
主编）
　ISBN 978-7-5641-9150-4

　Ⅰ.①新… Ⅱ.①张… ②石… Ⅲ.①工业建筑-建筑设计-
研究 Ⅳ.①TU27

中国版本图书馆CIP数据核字（2020）第198390号

**新型工业化建造设计及其协同模式**
Xinxing Gongyehua Jianzao Sheji Jiqi Xietong Moshi

著　　者：张军军　石刘睿恬
责任编辑：戴　丽　贺玮玮
责任印制：周荣虎

出版发行：东南大学出版社
社　　址：南京市四牌楼2号　邮编：210096
网　　址：http://www.seupress.com
出 版 人：江建中

印　　刷：南京玉河印刷厂
排　　版：南京布克文化发展有限公司
开　　本：889 mm×1194 mm　1/16　印张：12.75　字数：255千字
版　　次：2020年10月第1版　2020年10月第1次印刷
书　　号：ISBN 978-7-5641-9150-4
定　　价：56.00元
经　　销：全国各地新华书店
发行热线：025-83790519　83791830

# 序一

  2013 年秋天，我在参加江苏省科技论坛"建筑工业化与城乡可持续发展论坛"上提出：建筑工业化是建筑学进一步发展的重要抓手，也是建筑行业转型升级的重要推动力量。会上我深感建筑工业化对中国城乡建设的可持续发展将起到重要促进作用。2016 年 3 月 5 日，第十二届全国人民代表大会第四次会议政府工作报告中指出，我国应积极推广绿色建筑，大力发展装配式建筑，提高建筑技术水平和工程质量。可见，中国的建筑行业正面临着由粗放型向可持续型发展的重大转变。新型建筑工业化是促进这一转变的重要保证，建筑院校要引领建筑工业化领域的发展方向，及时地为建设行业培养新型建筑学人才。

  张宏教授是我的学生，曾在东南大学建筑研究所工作近 20 年。在到东南大学建筑学院后，张宏教授带领团队潜心钻研建筑工业化技术研发与应用十多年，参加了多项建筑工业化方向的国家级和省级科研项目，并取得了丰硕的成果，新型低碳装配式建筑智能化建造与设计丛书是阶段性成果，后续还会有系列图书出版发行。

  我和张宏经常讨论建筑工业化的相关问题，从技术、科研到教学、新型建筑学人才培养等，见证了他和他的团队一路走来的艰辛与努力。作为老师，为他能取得今天的成果而高兴。

  此丛书只是记录了一个开始，希望张宏教授带领团队在未来做得更好，培养更多的新型建筑工业化人才，推进新型建筑学的发展，为城乡建设可持续发展做出贡献。

# 序二

在不到二百年的时间里，城市已经成为世界上大多数人的工作场所和生活家园。在全球化和信息化的时代背景下，城市空间形态与内涵正在发生日新月异的变化。建筑作为城市文明的标志，随着现代城市的发展，对建筑的要求也越来越高。

近年来在城市建设的过程中，CIM 通过 BIM、三维 GIS、大数据、云计算、物联网 (IoT)、智能化等先进数字技术，同步形成与实体城市"孪生"的数字城市，实现城市从规划、建设到管理的全过程、全要素、全方位的数字化、在线化和智能化，有利于提升城市面貌和重塑城市基础设施。

张宏团队的新型低碳装配式建筑智能化建造与设计丛书，在建筑工业化领域为数字城市做出了最基础的贡献。一栋建筑可谓是城市的一个细胞，细胞里面还有大量的数据和信息，是一个城市运维不可或缺的。从 BIM 到 CIM，作为一种新型信息化手段，势必成为未来城市建设发展的重要手段与引擎力量。

可持续智慧城市是未来城市的发展目标，数字化和信息化是实现它的基础手段。希望张宏团队在建筑工业化的领域，为数字城市的实现提供更多的基础研究，助力建设智慧城市！

# 序三

　　中国的建筑创作可以划分为三大阶段：第一个阶段出现在中国改革开放初期，是中国建筑师效仿西方建筑设计理念的"仿学阶段"；第二个是"探索阶段"，仿学期结束以后，建筑师开始反思和探索自我；最后一个是经过第二阶段对自我的寻找，逐步走向自主的"原创阶段"。

　　建筑设计与建设行业发展如何回归"本原"？这需要通过全方位的思考、全专业的协同、全链条的技术进步来实现，装配式建筑为工业化建造提供了很好的载体，工期短、品质好、绿色环保，而且具有强劲的产业带动性。

　　自 2016 年国务院办公厅印发《关于大力发展装配式建筑的指导意见》以来，以装配式建筑为代表的新型建筑工业化快速推进，建造水平和建筑品质明显提高。但是，距离实现真正的绿色建筑和可持续发展还有较大的距离，产品化和信息化是其中亟须提高的两个方面。

　　张宏团队的新型低碳装配式建筑智能化建造与设计丛书，立足于新型建筑工业化，依托于产学研，在产品化和信息化方向上取得了实质性的进展，为工程实践提供一套有效方法和路径，具有系统性实施的可操作性。

　　建筑工业化任重而道远，但正是有了很多张宏团队这样的细致而踏实的研究，使得我们离目标越来越近。希望他和他的团队在建筑工业化的领域深耕，推动祖国的产业化进程，为实现可持续发展再接再厉！

# 序四

建筑构件的制作、生产、装配，建造成各种类型建筑的方法、模式和过程，不仅涉及过程中获取和消耗自然资源和能源的量以及产生的温室气体排放量（碳排放控制），而且通过产业链与经济发展模式高度关联，更与在建筑建造、营销、运营、维护等建筑全生命周期各环节中的社会个体和社会群体的权利、利益和责任相关联。所以，以基于建筑产业现代化的绿色建材工业化生产—建筑构件、设备和装备的工业化制造—建筑构件机械化装配建成建筑—建筑的智能化运营、维护—最后安全拆除建筑构件、材料再利用的新知识体系，不仅是建筑工业化发展战略目标的重要组成部分，而且构成了新型建筑学（Next Generation Architecture）的内容。换言之，经典建筑学（Classic Architecture）知识体系长期以来主要局限在为"建筑施工"而设计的形式、空间与功能层面，需要进一步扩展，才能培养出支撑城乡建设在社会、环境、经济三个方面可持续发展的新型建筑学人才，实现我国建筑产业现代化转型升级，从而推动新型城镇化的进程，进而通过"一带一路"倡议影响世界的可持续发展。

建筑工业化发展战略目标是将经典建筑学的知识体系扩展为新型建筑学的知识体系，在如下五个方面拓展研究：

（1）开展基于构件分类组合的标准化建筑设计理论与应用研究。

（2）开展建造、性能、人文与设计的新型建筑学知识体系拓展理论与人才培养方法研究。

（3）开展装配式建造技术及其建造设计理论与应用研究。

（4）开展开放的 BIM（Building Information Modeling，建筑信息模型）技术应用和理论研究。

（5）开展从 BIM 到 CIM（City Information Modeling，城市信息模型）技术扩展应用和理论研究。

本系列丛书作为国家"十二五"科技支撑计划项目"保障性住房工业化设计建造关键技术研究与示范"（2012BAJ16B00），以及课题"水网密集地区村镇宜居社区与工业化小康住宅建设关键技术与集成示范"（2013BAJ10B13）的研究成果，凝聚了以中国建设科技集团有限公司为首的科研项目大团队的智慧和力量，得到了科技部、住房和城乡建设部有关部门的关心、支持和帮助。江苏省住房和城乡建设厅、南京市住房和城乡建设委员会以及常州武进区江苏省绿色建筑博览园，在示范工程的建设和科研成果的转化、推广方面给予了大力支持。"保障性住房新型工业化建造施工关键技术研究与示范"课题（2012BAJ16B03）参与单位南京建工集团有限公司、常州市建筑科学研究院有限公司及课题合作单位南京长江都市建筑设计股份有限公司、深圳市建筑设计研究总院有限公司、南京市兴华建筑设计研究院股份有限公司、江苏省邮电规划设计院有限责任公司、北京中外建建筑设计有限公司江苏分公司、江苏圣乐建设工程有限公司、江苏建设集团有限公司、中国建材（江苏）产业研究院有限公司、江苏生态屋住工股份有限公司、南京大地建设集团有限责任公司、南京思丹鼎建筑科技有限公司、江苏大才建设集团有限公司、南京筑道智能科技有限公司、苏州科逸住宅设备股份有限公司、浙江正合建筑网模有限公司、南京嘉翼建筑科技有限公司、南京翼合华建筑数字化科技有限公司、江苏金砼预制装配建筑发展有限公司、无锡泛亚环保科技有限公司，给予了课题研究在设计、研发和建造方面的全力配合。东南大学各相关管理部门以及由建筑学院、土木工程学院、材料学院、能源与环境学院、交通学院、机械学院、计算机学院组成的课题高校研究团队紧密协同配合，高水平地完成了国家支撑计划课题研究。最终，整个团队的协同创新科研成果："基于构件法的刚性钢筋笼免拆模混凝土保障性住房新型工业化设计建造技术系统"，参加了"十二五"国家科技创新成就展，得到了社会各界的高度关注和好评。

最后感谢我的导师齐康院士为本丛书写序，并高屋建瓴地提出了新型建筑学的概念和目标。感谢王建国院士与孟建民院士为本丛书写序。感谢东南大学出版社及戴丽老师在本书出版上的大力支持，并共同策划了这套新型低碳装配式建筑智能化建造与设计系列丛书，同时感谢贺玮玮老师在出版工作中所付出的努力，相信通过系统的出版工作，必将推动新型建筑学的发展，培养支撑城乡建设可持续发展的新型建筑学人才。

东南大学建筑学院建筑技术与科学研究所
东南大学工业化住宅与建筑工业研究所
东南大学 BIM-CIM 技术研究中心
东南大学建筑设计研究院有限公司建筑工业化工程设计研究院

# 前　言

建筑工业化是我国建筑业的重要发展方向。大力推进建筑产业现代化，变革落后的生产方式，打造机械化、专业化、产业化、可持续发展的建筑产业，是当下的重要工作。

本书上篇试图结合装配式建筑的先进技术与我国成熟商品混凝土体系的优势，用预制钢筋笼构件代替预制混凝土构件，再在工位现浇混凝土。该工法既充分发挥了装配式建筑的优点，又避免了预制混凝土构件高昂的开模、运输和吊装等费用，是一种符合我国国情的建筑工业化新模式。第1章通过梳理国内外建筑工业化发展的状况，分析"工厂工业化"的装配式建筑和"工位工业化"的钢模、铝模等工业化模式，比较两种现行工法的优缺点，提出介于两者之间的新型建筑工业化模式：在工厂预制装配式刚性钢筋笼、在工位现浇混凝土；第2章通过研究钢筋工业化加工设备，分析刚性钢筋笼制造原理，在符合国家规范的前提下，对混凝土结构构件的钢筋进行梳理，并提出相应的生产、装配和建造方式；第3章基于装配式刚性钢筋笼的建造工法，构建工业化建筑设计原则，并阐述了工业化建筑的具体设计方法；第4章通过两个代表性的、不同结构体系和功能形式的工程方案，在实践中反思，进一步优化工业化建筑设计方法与原则；第5章是总结与展望。

本书下篇对建筑行业广泛存在的协同问题进行了分析，借鉴系统科学领域的"协同系统理论"，提出了协同系统运行的三个主要的影响因子——意愿、目标、信息，并据此对现有的建筑工程协同模式进行评价，提出一种新型的、基于构件的建筑工程协同模式。该模式的组织形式是基于构件的产业联盟，即项目的各参与方通过协同利益分配形成长期的合作关系，并在每个工程项目中对其所提供的构件的全生命周期负责；该模式的信息载体是建筑构件，进而提出针对该模式的构件化协同方法——构件信息集成，将构件分为三个建造层级和四类功能模块，每个构件包含设计、建造、运维三类信息，通过构件命名和统计的方法，对构件中包含的信息分类、分级提取，从而对各工程要素进行分模块、分阶段的控制，BIM技术是实现该方法的理想工具。落实到具体的操作层面，提出该协同模式的流程——"四个协同"，即协同设计、协同建造、协同运维、协同利益分配，其中协同设计、协同建造和协同运维分别对应建筑工程的三个阶段，协同利益分配贯穿建筑工程的全过程，是前三个协同顺利进行的保障。接着对传统"施工图"加以改进，提出以工序为核心，可以直接指导建造的表格化图纸系统——建造图。其后通过实际项目"芦家巷社区活动中心"对该模式的可行性、适应性和延续性进行了验证。最后总结了本书研究的意义和不足，并对协同模式进行了展望，提出制度转变和技术发展可推动协同模式的发展。

# 目　录

前言

## 上篇　新型工业化建造设计模式

### 第1章　建筑工业化设计背景研究 ·············· 3

　1.1　研究背景 ··········· 3

　　1.1.1　我国建筑工业化发展历程 ········ 3

　　1.1.2　国外建筑工业化发展分析 ········ 5

　　1.1.3　建筑工业化发展趋势 ·········· 6

　1.2　研究对象界定 ········· 7

　　1.2.1　研究对象 ·········· 9

　　1.2.2　研究范围 ·········· 10

　1.3　国内外相关研究现状 ······· 10

　　1.3.1　国内相关研究现状 ········ 10

　　1.3.2　国外相关研究现状 ········ 11

　1.4　研究内容及意义 ········ 11

### 第2章　装配式刚性钢筋笼结构构件设计与建造原理 ··· 12

　2.1　建筑构件分类原理 ········ 12

　　2.1.1　结构体 ··········· 13

　　2.1.2　外围护体 ·········· 13

　　2.1.3　内分隔体 ·········· 14

　　2.1.4　装修体 ··········· 14

　　2.1.5　设备体 ··········· 15

　2.2　基于装配式刚性钢筋笼的结构体设计原理 ··· 15

　　2.2.1　刚性钢筋笼制造原理 ········ 16

　　2.2.2　竖向结构刚性钢筋笼设计 ······ 21

　　2.2.3　横向结构刚性钢筋笼设计 ······ 25

　2.3　装配式刚性钢筋笼结构体装配原理 ····· 29

　　2.3.1　一级装配 ·········· 30

2.3.2　二级装配 ………………………………………………… 31

2.3.3　三级装配 ………………………………………………… 34

2.3.4　小结 ……………………………………………………… 35

2.4　本章小结 ……………………………………………………… 35

第3章　基于装配式刚性钢筋笼的工业化建筑设计方法 …………… 36

3.1　工业化建筑设计原则 ………………………………………… 36

3.1.1　构件独立原则 …………………………………………… 36

3.1.2　标准构件原则 …………………………………………… 37

3.1.3　大空间原则 ……………………………………………… 39

3.2　基于装配式刚性钢筋笼的工业化建筑设计 ………………… 41

3.2.1　总策划 …………………………………………………… 41

3.2.2　结构体设计 ……………………………………………… 42

3.2.3　外围护体设计 …………………………………………… 44

3.2.4　内分隔体设计 …………………………………………… 45

3.3　本章小结 ……………………………………………………… 46

第4章　建筑工程设计实践 …………………………………………… 47

4.1　高层保障性住房设计 ………………………………………… 47

4.1.1　项目背景 ………………………………………………… 47

4.1.2　工业化建筑策划 ………………………………………… 47

4.1.3　工业化建筑结构体设计 ………………………………… 49

4.1.4　工业化建筑外围护体设计 ……………………………… 54

4.1.5　工业化建筑内分隔体设计 ……………………………… 54

4.1.6　设计总结 ………………………………………………… 55

4.2　南京市江北新区科创园公共服务中心设计 ………………… 56

4.2.1　项目背景 ………………………………………………… 56

4.2.2　工业化建筑策划 ………………………………………… 56

4.2.3　工业化建筑结构体设计 ………………………………… 57

4.2.4　工业化建筑外围护体设计 ……………………………… 61

4.2.5　设计总结 ………………………………………………… 62

4.3　本章小结 ……………………………………………………… 64

第5章　总结与展望 …………………………………………………… 65

5.1　归纳总结 ……………………………………………………… 65

5.1.1　提供研究钢筋混凝土建筑的新角度 …………………… 65

5.1.2　为建筑模数提供真实的构造依据 ……………………… 65

　　5.1.3　探索符合我国国情的建筑工业化发展之路 ·············· 66

　5.2　前景展望 ································································· 66

　　5.2.1　建筑构件生产系统 ············································· 66

　　5.2.2　建筑装配建造系统 ············································· 66

　　5.2.3　建筑设计生成系统 ············································· 67

## 下篇　新型工业化建造协同模式

### 第6章　建筑工程协同的背景研究 ································ 71

　6.1　研究背景 ································································· 71

　　6.1.1　建筑工程的协同现状 ··········································· 71

　　6.1.2　BIM 的应用现状及障碍 ········································ 71

　6.2　相关概念界定 ·························································· 72

　6.3　国内外研究现状 ······················································ 73

　6.4　创新点 ··································································· 75

　6.5　组织结构 ································································ 76

### 第7章　建筑工程协同的理论研究 ································ 78

　7.1　协同 ····································································· 78

　　7.1.1　协同的概念 ····················································· 78

　　7.1.2　协同系统理论 ·················································· 79

　7.2　建筑工程协同 ·························································· 80

　　7.2.1　建筑工程的各参与方 ··········································· 80

　　7.2.2　建筑工程的各阶段 ············································· 81

　　7.2.3　建筑工程协同的三个影响因子 ································· 82

　7.3　本章小结 ································································ 83

### 第8章　基于构件的建筑工程协同模式 ························· 84

　8.1　现有的建筑工程协同模式 ············································ 84

　　8.1.1　招投标模式 ····················································· 84

　　8.1.2　动态联盟模式 ·················································· 85

　　8.1.3　工程总承包模式 ················································ 86

　　8.1.4　现有的建筑工程协同模式的评价 ······························ 87

　8.2　基于构件的建筑工程协同模式 ······································· 88

　　8.2.1　组织形式：基于构件的产业联盟 ······························ 89

　　8.2.2　信息载体：建筑构件 ··········································· 92

8.3　本章小结 ································································ 93

第9章　基于构件的建筑工程协同方法：构件信息集成 ·········· 95

9.1　构件的特点 ··························································· 95

9.1.1　可分解性 ···················································· 95

9.1.2　独立组合性 ················································ 95

9.1.3　物质实体性 ················································ 96

9.2　构件分解 ······························································ 97

9.2.1　横向分解：构件分类 ···································· 97

9.2.2　纵向分解：构件分级 ···································· 98

9.2.3　构件分解结构 ·············································· 100

9.3　构件命名和统计 ···················································· 102

9.3.1　构件的命名 ················································ 103

9.3.2　构件的统计 ················································ 104

9.4　构件信息集成 ························································ 105

9.4.1　构件中包含的信息 ······································· 105

9.4.2　构件信息卡 ················································ 108

9.4.3　构件信息表 ················································ 108

9.4.4　构件库 ······················································ 109

9.5　构件信息集成的工具——BIM 技术 ··························· 110

9.5.1　BIM 技术的特点 ·········································· 110

9.5.2　BIM 技术与构件信息集成的关系 ···················· 111

9.5.3　运用 BIM 技术实现构件信息集成 ···················· 112

9.5.4　应用案例 ··················································· 114

9.6　本章小结 ······························································ 115

第10章　基于构件的建筑工程协同流程 ··························· 117

10.1　四个协同 ···························································· 117

10.2　协同设计 ···························································· 117

10.2.1　构件化的协同设计方法 ······························· 117

10.2.2　协同设计的各阶段 ····································· 121

10.2.3　协同设计节点 ··········································· 139

10.2.4　设计信息集成：构件信息表 ························· 143

10.3　协同建造 ···························································· 145

10.3.1　建造信息的处理：建造图 ···························· 145

10.3.2　建造信息提取：施工组织计划 ······················ 147

10.3.3　建造阶段的设计变更 ·································· 148

10.4 协同运维 ································································································ 150

    10.4.1 交付 ······················································································ 150

    10.4.2 使用 ······················································································ 152

    10.4.3 回收再利用 ············································································ 152

10.5 协同利益分配 ····················································································· 153

    10.5.1 经济利益 ················································································ 154

    10.5.2 社会利益 ················································································ 154

    10.5.3 技术利益 ················································································ 155

10.6 本章小结 ···························································································· 156

第 11 章　协同模式的工程应用：以芦家巷社区活动中心为例 ··············· 158

11.1 工程案例研究 ····················································································· 158

11.2 可行性验证 ························································································· 158

    11.2.1 协同设计 ················································································ 158

    11.2.2 协同建造 ················································································ 163

    11.2.3 协同运维 ················································································ 168

    11.2.4 协同利益分配 ·········································································· 169

11.3 适应性验证 ························································································· 169

11.4 延续性验证 ························································································· 170

    11.4.1 构件调用 ················································································ 170

    11.4.2 构件优化 ················································································ 171

    11.4.3 构件淘汰 ················································································ 171

11.5 本章小结 ···························································································· 172

第 12 章　总结和展望 ··············································································· 173

12.1 总结 ·································································································· 173

12.2 展望 ·································································································· 175

参考文献 ···································································································· 177

# 上篇

## 新型工业化建造设计模式

本篇作者　张军军

# 第1章　建筑工业化设计背景研究

## 1.1　研究背景

建筑产业是国民经济的支柱产业，关乎整个国家的经济发展，也与人民的生活条件息息相关。我国仍是发展中国家，在实现"全面小康"之前，我国的城镇化水平将不断提高，城镇人口将持续增加。因此，建筑产业在一定时间内将保持繁荣。但是，我国传统建筑产业目前存在着诸多问题——科技含量低、手工作业多、资源能源消耗高等，且工程质量不可靠、施工不够安全、相关企业管理方式落后、劳动力成本日益增加等。因此，建筑产业的变革迫在眉睫。

建筑工业化是时代发展的必然趋势。大力推进建筑产业现代化，变革落后的生产方式，打造机械化、专业化、产业化、可持续发展的建筑产业，是当下的重要工作。

### 1.1.1　我国建筑工业化发展历程

早在新中国成立之初，我国即提出建筑工业化的目标，只是碍于技术落后、时机不成熟等多方面的原因，发展的道路迂回曲折——时而激进，时而停滞。分析我国建筑工业化的历史进程，有利于了解我国建筑行业现状，以便具体问题具体分析，走出一条符合我国国情的建筑工业化道路。

我国的建筑工业化总体发展大致可以分为以下四个阶段（表1-1）：

表1-1　我国建筑工业化发展的四个阶段

| 时间 | 阶段 |
|---|---|
| 1950 年至 1976 年 | 建筑工业化发展的初期 |
| 1977 年至 1995 年 | 建筑工业化发展的起伏期 |
| 1996 年至 2015 年 | 建筑工业化发展的提升期 |
| 2016 年至今 | 建筑工业化的大发展期 |

建筑工业化发展的初期，我国向苏联等国家学习和借鉴先进技术。国务

院发布了《关于加强和发展建筑工业的决定》，明确地提出"三化"，即设计标准化、构件生产工厂化和施工机械化。得益于此，全国混凝土预制技术迅速发展，无论是学术研究还是建筑实践都空前繁荣，国内涌现出一批混凝土技术专家，预制构件厂也纷纷建立。其中，空心楼板是主要的预制产品，并在工程中大量使用。可惜在后期，受到一些特殊因素的影响，建筑工业化进程发展缓慢，基本停滞。值得庆幸的是，这个过程为日后建筑工业化的发展积累了工厂化和机械化的物质基础。

1978年改革开放之后，随着经济的复苏，建筑工业化被再次激活。1991年建设部颁布的行业标准《装配式大板居住建筑设计和施工规程》具有标志性的意义。然而，因为技术和施工等多方面的原因，装配式建筑的防水、隔声、冷桥、开裂、抗震等问题大量暴露出来。与此同时，我国现浇混凝土技术逐渐发展起来，并与大量廉价劳动力有机结合，现浇技术迅速占领建筑市场。装配式建筑内忧外患并存，又一次陷入停滞。

1996年至2015年，随着住房的商品化，人们对住房的需求量越来越大，对质量和多样化要求也越来越高，建筑工业化进入了缓慢发展的时期。此时期施工方式仍以现浇技术为主，商品混凝土体系发展成熟，出现了预拌混凝土技术，配套的搅拌站装备技术、管理技术、运输技术也较为成熟。尽管现浇技术已经十分成熟，但是其劣势同样凸显出来。现场人工绑扎钢筋作业量大，支模拆模费时费力，且浇筑过程中湿作业量大，污染严重，工程质量参差不齐。随着人们对绿色环保低碳的要求越来越高，同时从事体力劳动的人员数量急剧减少，政府和企业都渐渐意识到建筑工业化的重要性，于是建筑工业化再次被提上日程。国家出台了一系列的政策，研究、扶持和推进建筑工业化，涌现出一批装配式建筑试点工程。以万科、远大为首的企业也开始了建筑工业化的实践。尽管发展缓慢，但是通过学习和借鉴国外先进技术，我国逐渐摸索出以装配式结构为核心的建筑工业化技术，其主要特点是通过局部现浇混凝土或者灌注砂浆将预制混凝土构件连接起来。需要指出的是，由于该类技术成本较高、技术不成熟等问题，建筑工业化发展仍然较慢，但是已经引起各方的关注。

2016年至今，随着政策的积极引导，建筑工业化呈现出蓬勃发展的态势。2016年2月6日国务院发布《关于进一步加强城市规划建设管理工作的若干意见》，其中明确提出：大力推广装配式建筑，建设国家级装配式建筑生产基地。加大政策支持力度，力争用10年左右时间，使装配式建筑占新建建筑的比例达到30%。2017年国家和地方政府的扶持力度都空前的大，是装配式建筑大发展之年。但我国装配式建筑的发展尚处在初级阶段，各项体制机制、技术体系尚未成熟，建筑工业化进程挑战与机遇并存。

从以上四个历程可以看出，我国建筑工业化的发展先是受制于历史条件仅停留在大板建筑未能有效推进，后因现浇技术的成熟导致工业化发展缓慢，直至近年，才开始大力推行装配式建筑。

### 1.1.2　国外建筑工业化发展分析

他山之石，可以攻玉。学习和借鉴国外先进技术，从国外的历史经验中汲取经验教训，可以进一步加快我国建筑工业化发展历程。

美国和北欧等地，因为土地政策和地广人稀等因素，主要往低层或独栋别墅的方向发展建筑工业化，对我国美丽乡村建设具有较高的借鉴价值。新加坡工业化起步较晚，但是与国内具有相似的情形——高层建筑的需求量较大，并且其建筑工业化的发展大量借鉴了其他国家的先进技术和经验，因地制宜地建立了自己独特的体系，非常值得我国去研究和学习。而德国、英国、日本等国家则高层、低层兼而有之，尤其是我们的邻国日本，建筑工业化已经形成一套完整的体系，是建筑工业化技术最成熟的国家之一。

美国和北欧等地的建筑工业化，主要建立在其本身高度发达的工业水平之上。这些国家的技术水平、市场化水平、管理水平等都较高，却给人一种没有突出技术的感觉，其实这正是建筑工业化发展到一定水平后的结果，因为建筑工业化不仅仅是一项单纯的建筑技术，而且还涉及各行各业的整体范畴。这启示我们建筑工业化虽然要以建筑本身作为核心，但也同样要协调整合社会资源，在符合社会大环境的条件下进行。

新加坡等地的建筑工业化发展，大约都是从二十世纪七八十年代开始，由于土地资源稀缺，主要都是发展了高层住宅工业化，与我国目前城市发展中的问题有相似之处。其在建筑技术上，主要采用装配整体式结构，预制与现浇相结合。新加坡对先进技术的政策扶持很多，因此整体铝模板等技术同样存在。

日本的建筑工业化水平整体较高，尤其以主体结构的工业化和成熟的内装体系闻名于世。其主体结构的工业化主要以预制装配式混凝土构件为主，形成了一套完整的结构规范体系，并且经过了多年的检验。需要指出的是，这套体系不能直接照搬到我国来，一是因为与我国现有建筑结构规范不相吻合；二是因为我国的生产水平、装配水平、检测水平等短期内无法与其匹配。相比之下，其成熟的内装体系对我国的借鉴意义更为直接，其长期发展的 SI 体系的核心思想是将主体结构和装修、管线等全部分离，从而实现结构系统寿命更长久，装修部分可更新、可改造。目前我国已借鉴各国先进的 SI 经验，提出了 CSI（China Skeleton Infill）体系。

### 1.1.3 建筑工业化发展趋势

基于以上对国内与国外的建筑工业化发展的基本分析，我们可以大概得出一个结论，即建筑工业化是一个整体产业，并不是依赖某一项单纯的建筑技术就可以实现的，而是有赖于整个社会的共同进步。建筑工业化是一系列技术整合后的共同成果，装配式建筑技术是其中一项重要的建筑技术，而建筑工业化的最终发展目标应该是建筑产业化。

由于我国建筑工业化刚刚进入快速发展阶段，产业化、工业化、装配式这些概念往往被不加辨别地过度使用，对研究造成了一定的影响，所以我们有必要对这三个概念进行辨析。产业化是指某种产业在市场经济条件下，以行业需求为导向，以实现效益为目标，依靠专业服务和质量管理，形成的系列化和品牌化的经营方式和组织形式。工业化则侧重于生产方式的变革，指的是按照大工业生产方式改造建筑业，使之逐步从手工业生产转向社会化大生产的过程。而装配式则仅仅是建筑工业化的一种技术手段。如图 1-1 所示，这三者应是由大及小、嵌套的关系，因此，不可将装配式建筑等同于建筑工业化。

结合国内与国外的现状来看，建筑工业化的最终发展目标是更好地实现建筑产业化，整合各种社会资源，达到效益最优。目前我国建筑工业化的主体仍是钢筋混凝土建筑的工业化，其发展模式主要有两种：一种是将建筑构件在工厂预制完成后在现场拼装的"工厂工业化"（如图 1-2 所示）；另一种是将钢筋和模板在工位组装好后在现场浇筑混凝土的"工位工业化"（如图 1-3 所示）。"工厂工业化"和"工位工业化"的本质区别在于混凝土在工厂内浇筑还是在工位现浇。

图1-1 建筑产业化、建筑工业化和装配式建筑关系图解
图片来源：笔者自绘

图1-2 工厂工业化（左）
图片来源：笔者自摄
图1-3 工位工业化（右）
图片来源：http://fangdichan.huangye88.com/xinxi/39320424.html

"工厂工业化"，即我国目前大多数情况下所述的装配式建筑，根据其结构体系及预制程度的不同，可进一步划分为全预制剪力墙结构、叠合式剪力墙结构、装配式框架结构和装配式框架-剪力墙结构等。受益于工厂内预制建造，该工法具有建造速度快、预制构件质量高、现场湿作业少等一系列优点。但是该工法的缺点也很明显，主要体现在以下两点：一是连接点的可靠性一直受到部分专家的质疑，二是造价高于传统做法导致市场推广有难度。此外，这种施工工艺与我国传统施工模式差异较大，工人缺乏培训，构件运输、施工管理等各个方面都与现实脱节。

"工位工业化"，主要是指在工位绑扎钢筋完成后，将传统木模板替换为可重复使用的铝模板、钢模板等，再现浇混凝土的施工方法。这种方法可以认为是传统现浇工法的改进，确实解决了传统工法的木模板浪费等问题。该工法保留了现浇的工艺从而导致现场湿作业量较大，并且铝模板、钢模板等维护成本同样较高，导致市场推广也有一定的难度。

其实，"工厂工业化"和"工位工业化"的最终目的都是建筑工业化，装配和现浇都是实现建筑工业化的基本方式，并不是两个完全对立的概念，当前我国很多相关从业人员陷入了唯装配式的误区。事实上，即使在全预制装配式的"工厂工业化"中，也不能完全摆脱现浇，工位上构件之间的连接依然是通过现浇工法来实现的。所以，建筑工业化的发展不应局限于装配。

我国目前主推的建筑工业化方式是装配式建筑，2017 年 6 月 1 日起开始正式实施《装配式混凝土建筑技术标准》。但是，当前越来越多的专家、学者开始反思唯装配式是否符合我国的国情。我国住房和城乡建设部住宅产业化促进中心处长叶明，曾明确地提出建筑产业现代化不等于装配化。他认为"装配化"仅仅是推动建筑产业现代化的一个特征表现，仅仅是工业化生产方式的一种生产手段、一个有效的技术方法和路径，不是建筑产业化的最终目的和全部。北京建工集团教授级高级工程师杨嗣信也提出装配化施工虽有优势，但并不是绝对的，现浇也能实行工业化和现代化，不能为了装配化而装配化。

综上，我们应该协调优化资源配置，在符合国情的前提下，充分整合各种工法的优势，找到符合我国特色的建筑工业化之路。

## 1.2　研究对象界定

钢筋混凝土结构，是我国目前最主要的建筑结构体系。不同于钢结构或木结构是单一材料，钢筋混凝土是一种组合材料，其通过在混凝土中组合钢筋、钢板或钢网等来改善混凝土的力学特性。

从前文的研究背景可以发现，我国的建筑产业几乎是从传统手工作业的生产方式跃进到整体装配式，关于建筑工业化的基础研究相对缺失。钢筋混凝土结构的混凝土材料，从我国20世纪90年代发展至今，工法已臻成熟。然而，钢筋混凝土结构的另一材料——钢筋的相关理论研究和施工工艺依然相对落后，尤其体现在建筑工程中的钢筋施工手工作业量庞大。如图1-4、图1-5所示，即使是最近几年的大型建筑工程项目，钢筋绑扎依然主要靠手工作业，效率低下，质量无法保证。而钢筋工程成本在建筑工程总成本中占30%左右，无论是"工厂工业化"还是"工位工业化"，钢筋工程都是无法避免的。由此可见，钢筋工程的升级革命势在必行。

图1-4 南京某建筑工地2014年
施工照片（左）
图片来源：笔者自摄
图1-5 南京某建筑工地2015年
施工照片（右）
图片来源：笔者自摄

目前，我国混凝土建筑的工业化主要以"工厂工业化"为主，即在预制构件厂将预制柱、预制剪力墙、预制梁、预制叠合板和预制楼梯等制作完成后，运输至工位进行连接，像搭积木一样建房子。这种方式的成本相较于传统方式稍高，主要体现在以下几个方面：

（1）工业化构件中需要增加一些特殊构造如预埋件等导致材料费增加。

（2）预制构件厂投入成本巨大，当产量未达到一定规模时难以回收成本。

（3）预制构件的大体积和大质量导致运输成本很高。

（4）施工现场的人工费用和机械费用都有一定的增加，主要体现在塔吊的使用上。

这种生产方式，其根本变革在于将混凝土的现浇成型工作从工位转移到工厂内，从而减少了现场的湿作业。这种方式放弃了混凝土优越的塑型能力；更为重要的是，这种方式不可避免地增加了混凝土的运输成本——在成熟的商品混凝土市场环境下，建筑工程承包方完全可以选用更为便利的预拌混凝土系统。在"工厂工业化"中，首先需要将混凝土运送至构件厂现浇养护成型，待到预制构件符合产品要求后再运输至工地，最后再通过塔吊的方式运输至工位。混凝土的容重较大，导致运输费用昂贵，有数据表明，当预制构件厂距离工地超过 100 km 时，其成本较难回收。但是这种方式，切切实实地减少了现场的工作量，尤其是将钢筋工程在工厂内预制，既可以实现更高程度的机械化，又可以把控工程质量，且极大地改善了工人的工作环境。

而"工位工业化"，虽然用铝模板、钢模板等代替木模板具有一定的优越性，但仅仅依赖于模板的改善，工业化的程度并不高，现场的钢筋加工量依然巨大，且高空作业没有明显地减少。但是相较于"工厂工业化"，该体系有一个明显的优势，即可以与我国完备的商品混凝土体系很好地衔接。我国的混凝土经过二十多年的发展，在全国各地已形成完备的市场体系，混凝土泵送技术也在全世界范围内处于领先地位，泵送高度最高可达 600 m 以上。

综上，"工厂工业化"具有预制的优势，但是混凝土的运输量巨大是不可避免的问题；"工位工业化"与我国目前混凝土市场无缝衔接，但是工位上预制程度较低。

基于以上情况，笔者试图重新审视建筑工业化的途径，试图在"工厂工业化"和"工位工业化"之间取长补短——我国的商品混凝土体系已经很成熟，那么是否可以将钢筋工程在工厂预制后在工位拼装，吊装至工位后安装模板，最后进行混凝土现浇。如此，既可以充分发挥预制的优势，也可以与我国成熟的商品混凝土体系结合起来，充分进行资源整合，而不是单一的工厂化或者工位化。

## 1.2.1　研究对象

本书提供了一种新的建筑工业化研究思路，即第一步在工厂预制钢筋，第二步在现场拼装钢筋并支模，第三步在工位现浇混凝土。

第一步钢筋工厂预制，从目前传统建筑施工经验来看，主要困难有以下三点：

（1）钢筋笼往往具备一定的柔韧性，导致定型定位较为困难，需要一定的辅助支撑，本身难以定型不符合工业化建造的原则。

（2）钢筋错综复杂，机械化加工难度大，目前多采用人工解决，但是质量参差不齐难以保证，且效率低下，并且难以监测。

（3）我国现行钢筋混凝土建筑结构规范相对保守，对新体系接受度不高。现行国家规范对钢筋生产施工束缚较大，突破规范则难以被市场接受。

第二步拼装钢筋并支模，吊装拼装等工艺在"工厂工业化"中已得到相应的发展，而模板工程已有铝模、钢模等经验可循，并且可以进一步借鉴国外先进经验。

第三步现浇混凝土，与我国现有工艺基本一致，但仍需注意减少湿作业的不良影响。

基于以上分析，本书的研究对象是钢筋预制装配技术，并试图以此作为核心技术点，引申出一套与之相匹配的建筑设计方法。为了适应机械化大生产，并考虑到钢筋笼的制作、运输和装配，作者试图改变传统工艺中钢筋笼柔韧性的特点，将钢筋笼制作为刚性的整体，这样既可以保障同批次的钢筋笼一致，又可以保证钢筋笼在现场装配时定位较为精确。

作者将具备一定刚性的钢筋笼定义为刚性钢筋笼。本书正是基于此展开的。

### 1.2.2 研究范围

建筑工业化涉及各行各业。本书仅从钢筋的生产、运输、装配和吊装定位入手，探讨基于此的建筑设计方法。钢筋的生产，主要依赖于机械的进步；钢筋的运输，涉及物流的管理；钢筋的装配和吊装定位，主要技术负责人是施工方。至于进一步的支模和浇筑工程，涉及模板的材料设计和混凝土材料本身的特性，由于作者水平和精力有限，该部分仅提出概念性意见，不做具体探讨，因此不在本书研究范围之内。

## 1.3 国内外相关研究现状

### 1.3.1 国内相关研究现状

我国的建筑钢筋加工设备，最早以建筑工地上的简单机器为主，基本是粗放型的生产方式，技术含量较低。直到2000年，作为中国建筑用钢筋加工设备技术归口单位和建筑用钢筋应用技术标准制定单位的中国建筑科学研究院，与全球最有实力的钢筋加工设备供应商之一的SCHNELL集团合作，才将后者的先进技术和质量标准引入中国市场，合作制造专业化钢筋数控加工设备，提供能够满足中国市场需要的钢筋加工设备、加工技术和市场服务。2005年建设部颁布《关于进一步做好建筑业10项新技术推广应用的通知》，其中明确提到钢筋焊接网应用技术、焊接箍筋笼、粗直径钢筋直螺纹机械连接技术和钢筋加工部品化等相关技术。2007年9月，由广州市建筑科学研究院主编，广州市设计院、广州大学、广州市建筑集团有限公司、深圳市建筑科学研究院、广州市裕丰控股股份有限公司等单位共同编写了《混凝土结构用成型钢筋制品技术规程》。这是国内首部结合制作、设计、施工、验收的成型钢筋制品应用技术规程，标志着钢筋专业化加工配送技术进入了一段新里程。

关于钢筋工业化的技术标准，国内已发布的主要有国标《混凝土结构用成型钢筋制品》、建筑工业行业标准《混凝土结构用成型钢筋》、黑色冶金行业标准《钢筋混凝土用加工成型钢筋》和行业标准《混凝土结构成型钢筋应用技术规程》。以国标为例，标准主要规定了混凝土结构用成型钢筋制品的术语和定义、标记、要求、实验方法、检验规则、包装、标志和贮存、配料单和供货文件等，适用于工厂化加工的混凝土结构用成型钢筋制品。在规程附录中，国标既定义了单件成型钢筋制品形状及代码，还对组合成型钢筋制品如桩笼、桁架、牛腿柱等构件的形状及代码给予了定义，对钢筋工业化从单筋剪弯、网片制作等半成品加工向梁、柱等钢筋骨架成品的加工配送起到了推动作用。《混凝土结构成型钢筋应用技术规程》对成型钢筋的原材料、加工和配送做出了明确的规定。

### 1.3.2　国外相关研究现状

国外的钢筋工业化开始时间较早，大约从 20 世纪 60 年代开始，欧美发达国家开始出现一些小规模的机械化钢筋加工企业；70 年代，开始出现钢筋的工厂化式的加工配送。该阶段机械化加工设备迅速发展，生产原材料主要是线材，生产圆盘成为该时期的主要特征。直至 80 年代，电子控制技术和计算机技术先后被引入钢筋机械化生产中，通过软件控制钢筋加工，实现了节约原材料、优化钢筋加工组合、减少材料浪费、节省工作时间、减少错误和"混乱"。90 年代发展至今，各国相继出台相关技术规程，国外已形成相对成熟的钢筋工业化加工与配送体系。其中钢筋笼被广泛应用于桥梁等相关领域，是一项重要的技术应用。总体而言，在发达国家，大约每隔 50 km 至 100 km 就有一家钢筋加工厂，可以认为钢筋加工实现了集中化和专业化。

## 1.4　研究内容及意义

本书正是基于以上背景，从钢筋工业化这一角度展开研究，在现行国家钢筋大规范的前提下，梳理适合机械化生产的钢筋工业化方式，并据此推演出相应的建筑设计原则。

本书研究的意义是重新审视了现浇与装配的对立关系，为我国的建筑工业化提供一种新的发展思路。这种方式既能利用我国已经十分完善的商品混凝土体系，又能促进工业化装配与建造，符合我国的现有国情。

# 第2章 装配式刚性钢筋笼结构构件设计与建造原理

本章首先对建筑构件进行分类，然后从钢筋的角度，对建筑工业化中的主体——结构体的设计生产和装配建造方式进行研究，为第3章、第4章建筑实践奠定理论基础。

## 2.1 建筑构件分类原理

构件的分类是工业化建筑设计的基础。合理的构件分类方式可以高效地组织设计、生产、运输、装配与维护等过程，是建筑全生命周期的重要保障。构件分类方法应适应工业化生产和装配式施工，符合设计标准化、构件部品化、施工机械化等发展趋势，从而实现建筑产业的可持续发展。

构件的分类方法可以根据构件在建筑中的结构作用来进行划分，主要包括承重结构构件与非承重结构构件。承重结构构件主要包括墙、柱、梁和板等；非承重结构构件可以进一步划分为自重较大的构件和自重较轻的构件，前者比如外挂混凝土墙板，虽然不起结构作用，但是因其自重大对结构影响较大，后者比如轻钢龙骨玻璃幕墙，对于结构的影响主要在于构造连接，对结构的强度计算影响较小。

构件的分类方法还可以根据构件在建筑中的使用寿命来划分。有些构件与建筑是同生命周期的，比如主要的承重结构，应设计为50年以上使用寿命。有些构件的使用寿命应设计为建筑的半生命周期，可以在中途进行修缮或更换，比如建筑外围护结构或者是不重要的承重结构。有些构件的使用寿命可以考虑为一代人的使用时间，比如住宅中的内隔墙等，随着时代的发展必然会被更替，在设计时就应预先考虑如何拆除。还有一些构件限于材料等因素，其使用时间本身就不长，比如露明的管线、墙体填缝剂等，在设计时应充分考虑到使用时间的因素。

构件的分类原则应当既能区分开不同性质的构件，同时又有利于构件之间的连接。通常，我们同时考虑构件的承重性质与寿命周期，并结合其在建筑中的不同作用与生产条件，将建筑构件主要划分为结构体、外围护体、内分隔体、装修体和设备体五个部分（如图 2-1）。这五个部分在承重性质与使用寿命上均无必然联系，因此在设计、生产与装配中应尽量保证各自的独立性，同时还要充分考虑各部分之间的连接关系。

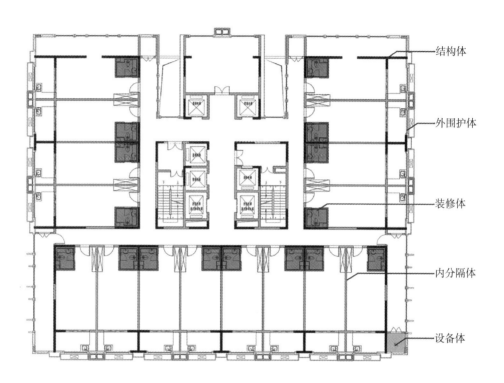

结构体

外围护体

装修体

内分隔体

设备体

图2-1　建筑构件分类示意
图片来源：笔者自绘

### 2.1.1　结构体

结构体指的是建筑的承重构件。我国建筑目前主要使用的结构材料为混凝土、钢、木和竹等。砖砌体等材料由于构件太小不利于大量建造。限于经济发展水平与巨大的建设量，目前我国以钢筋混凝土结构为主，钢结构次之，木结构与竹结构较少。但是从绿色建筑、低碳建筑等可持续发展的理念来看，木结构与竹结构是未来建筑工业化的重要发展方向。钢筋混凝土结构主要包括框架结构、剪力墙结构、框架 – 剪力墙结构、框架 – 筒体结构等，其竖向结构体主要是柱与剪力墙，横向主要是梁和楼板。在建造过程中，结构体的设计、生产与装配通常是最重要的，是衡量建筑工业化发展程度的重要指标。

### 2.1.2　外围护体

外围护体主要指的是建筑表面的围护构件，对被其包裹在内的结构体、内分隔体、装修体和设备体等起到保护作用。外围护体根据质量大小可以大体区分为重型和轻型两类：重型围护体自重较大，所以对结构计算以及抗震计算有较大影响；轻型围护体对结构计算影响不大，主要考虑构造上的连接设计。重型围护体以混凝土外挂墙板为代表，衍生出一系列的建筑产品，如GRC 外墙板等，该类围护体虽然质量较大，但在造价和性能上皆具有较大的优势；轻型围护体以金属幕墙为代表，常见的如铝板、玻璃幕墙、外挂石材等，在建筑造型上具有较大优势，但价格一般较高，建筑性能上也不及混凝土等重型材料，预制率一般也不高，装配效率相对要低。在建筑设计中，可以适当考虑重型围护体和轻型围护体相结合的方式，以重型围护体解决主要的功能性立面，以轻型围护体解决特殊部分立面。此外，外围护体不应局限于二维，可以将空调板、阳台板等整合在一起形成立体构件，该种方式可以大大地提高预制率并减少构件之间的连接问题，但是由于制作模具、养护、脱模、运输、吊装等环节较为困难，目前尚未能大规模推广。在设计中应合理权衡围护体的轻重与大小等因素，使得造价与施工等都较为合理。

### 2.1.3　内分隔体

内分隔体指的是建筑内部用以划分具体使用空间的竖向分隔构件，不同于外围护体有一半表面暴露于室外，内分隔体全部位于建筑内，故而性能要求相对较低，材料与构造做法也更为多样。从使用年限上来划分，可以包括与建筑基本同寿命的公共维护界面，如楼梯间、公共厕所的分隔墙体；以一代人时间计算的用以分隔使用权限的分户墙，其对隔声、防火等要求较高；需要经常替换的用以分隔内部具体使用空间的户内分隔墙，可以根据具体的性能要求设置不同等级的墙体。从分隔体的构成部品的大小来划分，由小到大常见的内分隔体形式有砌块、板材、轻钢网模内分隔和预制混凝土大板等。从连接构造上看，内分隔体在竖直方向上需要考虑与梁和楼板的连接构造；在水平方向上需要考虑与结构体、围护体或是另一内分隔体连接。根据不同的组合方式，其构造方式往往不同。

### 2.1.4　装修体

装修体，是指结构体、外围护体和内分隔体限定空间雏形初现后，使得建筑内部空间能够被正常使用的各种装修构件，主要包括建筑中必不可少的水、暖和电设施，以及地面、吊顶和各个内立面的装饰。虽然装修体在结构体、外围护体和内分隔体之后才进行施工，但是装修体的预留工作需要在设计之初就考虑好，在结构体、外围护体和内分隔体生产、预制、装配的过程中就应充分考虑到装修体的构造需要。出于集约的考虑，可以适当地进行管线等的预埋，但是严禁在预制构件定位安装完成后再次进行剔、凿等破坏性工作。如果空间有富余,应尽量考虑装修体与结构体、外围护体和内分隔体不产生交错，将装修体仅仅通过构造连接的方式置于建筑内表面，以此实现装修体的完全独立，既不影响结构体、外围护体和内分隔体等的设计与生产，同时为装修体提供较好的可改造性，符合未来的发展趋势。集成化家具，如整体卫浴、整体厨房等，是装修体实现工业化的重要组成部分。

### 2.1.5 设备体

设备体指的是建筑中常见的功能型和性能型设备，一般包含体量较大的机械设备，常见的如空调、整体卫生间、整体厨房等。设备体通常专业化、集成化程度较高，是提升预制率的重要指标之一。虽然设备体体积不大，但在设计时需要提前考虑，需要充分考虑到其安装、使用、维修、更换和拆除等流程。

## 2.2 基于装配式刚性钢筋笼的结构体设计原理

结构体是建筑中最重要、最复杂的部分，与其相关的技术也是建筑工业化的核心技术之一。我国目前对建筑工业化的研究也主要集中在结构体部分。对结构体的优化设计，也是本书研究的出发点所在。

钢筋混凝土建筑，主要通过钢筋和混凝土复合共同受力。在我国近几十年的建筑工程作业中，基本流程是在工位现场手工绑扎钢筋后再立模板，最后现浇混凝土，养护完成后拆模。目前我国推行力度较大的装配式建筑，其主要特征是将绝大部分钢筋和混凝土浇筑过程在工厂内完成后，将构件运输至工位进行吊装定位，再进行节点处钢筋的连接，最后再进行少量的混凝土浇筑，以形成最终的整体结构。

如第 1 章所述，目前我国对于钢筋工业化的研究较少，即使是在"工厂工业化"模式中，在工厂预制构件时其钢筋的生产加工方式也较为粗放。目前在行业中，除叠合板的钢筋桁架工业化程度较高，以及少量企业应用数控钢筋弯箍机生产箍筋外，钢筋工程未见本质性突破。而在以铝模、钢模等为代表的"工位工业化"模式中，钢筋工程与传统建造方式区别不大。

在我国目前市场上，钢筋加工设备已较多地应用于桥梁、道路等市政工程，适用于建筑工程的钢筋产品生产较少且不成熟，这进一步导致了我国建筑用钢筋工业化的研究较为落后。

本小节中，作者试图通过梳理钢筋生产机器的现状和潜能，为建筑产业提供相应的钢筋生产设备研究，并以此为基础，优化建筑结构体的钢筋生产、组合和装配，实现建筑用钢筋的工业化生产。

### 2.2.1 刚性钢筋笼制造原理

#### 2.2.1.1 我国当前钢筋加工市场分析

2000 年以来，我国的钢筋加工商品化逐渐发展起来。目前市场上常见的建筑工程用商品化钢筋制品主要有：钢筋强化、钢筋成型、箍筋成型（图 2-2）、钢筋网成型（图 2-3）、钢筋笼成型（图 2-4）、钢筋桁架焊接成型、钢筋机械连接等。

钢筋网焊接机生产的是由纵向钢筋和横向钢筋分别以一定的间距排列且互成直角、全部交叉点均焊接在一起的网片。钢筋焊接网应用技术是建设部"2005 建筑业重点推广应用 10 项新技术"之一。

数控钢筋笼滚焊机是一种由 PLC 控制的加工生产钢筋笼的设备。钢筋笼滚焊机可以精准控制箍筋之间的距离，且焊点质量可靠，生产效率很高。这种机器，基本可以替代人工绑扎钢筋笼。目前以圆柱形钢筋笼滚焊机较为常见，一般产品直径较大，多用于道路、桥梁工程。

钢筋桁架焊接成型，可以利用机器直接成型二维或三维的钢筋桁架，设备可以将放线、矫直、弯曲成型和焊接一次完成，产品质量好，生产效率高，基本可实现无体力劳动的目标。如图 2-5 生产的是二维钢筋桁架，图 2-6 生产的是三维钢筋桁架，多用于楼承板。

钢筋弯箍机，能自动完成钢筋的拉伸、定尺、调直、弯曲成型和切断等工作，同时配有"钟摆式进料架"，省时、省力、省人、省料，加工精度高、生产效率高，可实现全自动、不间断的流水线钢筋加工作业。如图 2-7 是钢筋弯箍机的可弯曲图形，可见其种类丰富多样。

**图2-2 箍筋成型（左）**
图片来源：http://www.tjkmachinery.com/products_list1/&pmcId=22.html
**图2-3 钢筋网成型（中）**
图片来源：http://www.tjkmachinery.com/products_detail/productId=96.html
**图2-4 钢筋笼成型（右）**
图片来源：http://www.tjkmachinery.com/products_list1/&pmcId=25.htmll

#### 2.2.1.2 建筑用钢筋产品

我国国家质量监督检验检疫总局于 2013 年发布，2014 年正式实施的国家标准《混凝土结构用成型钢筋制品》（GB/T 29733—2013），其中将商品化钢筋分为单件成型钢筋制品和组合成型钢筋制品。单件成型钢筋包括钢筋定

**图2-5　二维钢筋桁架（左）**
图片来源：笔者自摄

**图2-6　三维钢筋桁架（右）**
图片来源：笔者自摄

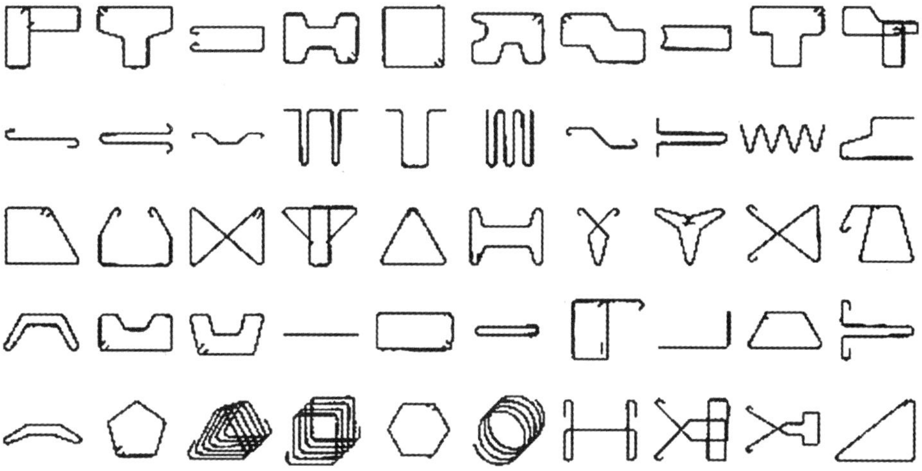

**图2-7　钢筋弯箍机的可弯曲图形**
图片来源：http://www.jnhyjx.cn/cp02.
html

尺矫直切断、箍筋专业化加工成型、棒材定尺切断，弯曲成型等。组合成型钢筋制品指的是由多个单件成型钢筋制品组合成的成型钢筋制品，包括钢筋笼、钢筋梁、钢筋柱和钢筋网等。

　　如上一节中谈到，建筑的结构体构件主要包括柱、剪力墙、梁和楼板。以上构件的钢筋笼制作，主要涉及以下几种钢筋加工设备：箍筋折弯机、钢筋网焊接机、钢筋桁架焊接成型机和螺旋箍筋焊接钢筋笼机器。

　　建筑用箍筋，主要用于柱和梁，常见形状为方形、矩形、T 形和螺旋状，如图 2-8 至图 2-11 所示，机械生产的箍筋精度高，质量可控。

　　建筑用钢筋焊接网，既可以机械焊接较粗的受力钢筋，也可以机械焊接较细的构造钢筋。如图 2-12 所示，较细的钢筋网片，常用于填充墙体或者是楼板的面层钢筋。如图 2-13 所示，较粗的钢筋网片，常用于剪力墙。钢筋网极大地提高了生产效率，且钢筋间距规整，可以认为不存在误差，避免了人工绑扎带来的不确定性。

**图2-8　方形箍筋**

图片来源：http://detail.net114.com/chanpin/1006179377.html

**图2-9　矩形箍筋**

图片来源：http://www.sohu.com/a/134680636_746198?_f=v2-index-feeds

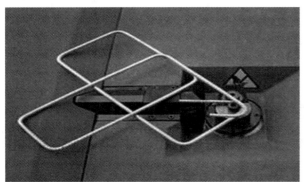

**图2-10　T形箍筋**

图片来源：http://baike.so.com/doc/711633-753298.html

**图2-11　螺旋箍筋**

图片来源：http://b2b.hc360.com/supplyself/535311736.html

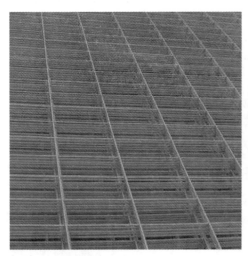

**图2-12　细钢筋网片**

图片来源：笔者自摄

**图2-13　粗钢筋网片**

图片来源：笔者自摄

图2-14  方形螺旋箍筋钢筋笼焊
接设备
图片来源:笔者自摄

钢筋桁架焊接成型,如图 2-5 所示的二维钢筋桁架和图 2-6 所示的三维钢筋桁架,多用于楼板的受力钢筋。桁架的受力性能较好,但传统手工作业较复杂,机械生产则简单高效。

如图 2-14 所示,是在传统圆形钢筋笼成型机械基础上改造的方形螺旋箍筋钢筋笼焊接设备。传统的圆形钢筋笼多用于道路、桥梁工程,截面较大,建筑中使用较少。通过机械的改善,生产截面较小的方柱,可以作为柱钢筋笼、剪力墙边缘约束构件钢筋笼或者梁钢筋笼来使用,用可靠的机械焊点代替手工绑扎,提高了质量和效率(图 2-15)。

### 2.2.1.3  装配式刚性钢筋笼配套模板

本书提出的新型建筑工业化模式,是结合装配式建筑的技术特点与我国成熟的商品混凝土体系,用预制装配式钢筋笼构件代替预制混凝土构件,并将混凝土在现场浇筑。

如第 1 章中所述,为了适应机械化大生产,并考虑到钢筋笼的制作、运输和装配,作者试图改变传统工艺中钢筋笼具备柔韧性的特点,将钢筋笼制作为刚性的整体,以便既可以保障同批次的钢筋笼一致,又可以保证钢筋笼在现场装配时较为精确。后文将展开具体结构构件的刚性钢筋笼设计。

刚性钢筋笼,在工位上现浇混凝土时,依然需要模板对混凝土塑形。可以采用成熟的钢模、铝模等技术,如图 2-16 所示。

本书的研究中,更倾向于使用免拆模板,即永久性模板,在混凝土浇筑后不再拆除。免拆模板,一般需要通过卡条固定在刚性钢筋笼之上,可以进一步强化钢筋笼的刚度,对钢筋笼的运输和吊装有利。免拆模板中,最典型

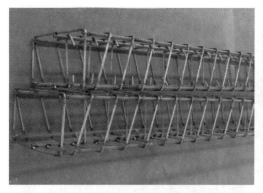 

图2-15 螺旋箍筋焊接钢筋笼成品( 左 )
图片来源: 笔者自摄

图2-16 框架剪力墙结构组合钢模板施工图( 右 )
图片来源: 笔者自摄

图2-17 快易收口型网状免拆模板生产设备( 左 )
图片来源: 笔者自摄

图2-18 安装免拆模板的刚性钢筋笼( 中 )
图片来源: 笔者自摄

图2-19 浇筑后实物图( 右 )
图片来源: 笔者自摄

的快易收口型网状免拆模板是一种以薄镀锌钢板为原材料, 经加工成为有单向 U 形密肋骨架和单向立体网格的永久性混凝土模板, 其可以工厂预制成型, 通过钢板冲压、滚压即可成型, 可实现工业化和标准化, 在美国已得到验证并广泛运用。如图 2-17 是快易收口型网状免拆模板生产设备, 图 2-18 是其安装在刚性钢筋笼之上后的样子, 图 2-19 是浇筑后的实物图, 浇筑完成后的墙面稍显粗糙, 进行简单的抹灰即可。免拆模板可以预先置于刚性钢筋笼上吊装至工位, 以减少现场支模作业, 且其施工简便、省时省力, 大大地减少了人工费用和模板费用。免拆模板具有较好的耐久性和强度, 将其浇筑在混凝土表面, 可以防止混凝土开裂。

### 2.2.1.4 小结

钢筋工业化对建筑工业化的意义重大。

钢筋工业化可以提高工程质量。建筑工程所用钢筋统一加工, 不存在偷工减料, 同批次质量可供检查; 钢筋工业化可以降低工程成本, 实现机械化、数控化、智能化钢筋加工, 简化操作、缩短工期, 极大地降低了人工成本, 市场化竞争进一步使得成本降低; 钢筋工业化可以节约资源、保护环境, 而传统手工钢筋作业方式经常出现多余的钢筋边角料等造成浪费, 工地现场的钢筋作业噪音大、污染大, 将这些工作转移到工厂进行, 可以彻底解决以上问题。

本节通过对钢筋工业化进行梳理, 为刚性钢筋笼的生产制造提供了理论和现实依据。

### 2.2.2　竖向结构刚性钢筋笼设计

钢筋混凝土建筑结构体中，竖向结构主要指的是柱和剪力墙。框架结构在多层与低层办公建筑中应用较多，剪力墙结构大规模应用于高层住宅。柱的钢筋笼相对简单，剪力墙钢筋笼则相对复杂。以下将详细介绍刚性钢筋笼工业化建造方式。

#### 2.2.2.1　柱

建筑中一般以方柱居多，截面尺寸从 300 mm 至 1 000 mm 不等，多层建筑中常用的柱截面尺寸为 600 mm，其钢筋笼典型配筋形式如图 2-20 所示。传统的手工建造模式下，需要将每一根主筋与三个箍筋通过绑扎连接，钢筋构件如图 2-21 所示，假设某柱共有 30 层箍筋和 12 根主筋，30 层箍筋意味着 90 个箍筋，需要的绑扎点至少有 360 个。其绑扎步骤如图 2-22 所示，首先需将主筋立住，然后依次将三种箍筋捯至相应的位置后进行绑扎。这种作业方式箍筋间距不可控，成型钢筋笼之间手工误差较大，不利于装配建造。

如图 2-23 所示，是利用刚性钢筋笼技术优化后的柱钢筋笼平面示意。其中黑色为机械直接生产，灰色则在工厂内模台上进行装配。假设某柱共有 30 层箍筋和 12 根主筋，如图 2-24 所示，其可分解为 2 个预制成型的螺旋箍筋方形钢筋笼、4 根主筋和 30 个箍筋，其装配步骤是：在模台上将两个螺旋箍筋方形钢筋笼穿插固定后，插入 4 根主筋，每根主筋与螺旋箍筋点焊，共计 120 次，然后将 30 个矩形箍筋捯至相应位置，再点焊 120 次，步骤如图 2-25 所示。

后者的柱钢筋笼建造方式，比前者节约 30% 以上的连接点，省时省力。后者的钢筋笼质量也更可靠，通过螺旋箍筋进行定位，箍筋间距可以得到有效控制。点焊速度快、质量高，工人工作环境好、安全可靠。

除了上述方式，也可以单独对箍筋进行优化。如图 2-20 所示的箍筋形式，可以不拆分为三个独立的箍筋，而是通过对钢筋折弯机进行更为复杂的编程直接一次成型九宫格式的箍筋。这种方式虽可以避免箍筋穿插带来的干扰，但是并不能有效减少连接点的数量，并且相对于螺旋箍筋的形式，其箍筋间距依然需要通过人工定位，容易产生误差。

#### 2.2.2.2　剪力墙

剪力墙结构，在我国多用于高层建筑，尤其是在高层住宅中应用广泛。

常用的剪力墙有 "T" 字形、"L" 形、"十" 字形、"Z" 字形、折线形和 "一"字形等，其截面尺寸较大，内部钢筋众多，如图 2-26 和 2-27 所示。如果采用现场手工作业绑扎的方式，绑扎点众多，钢筋间距得不到有效控制，钢筋

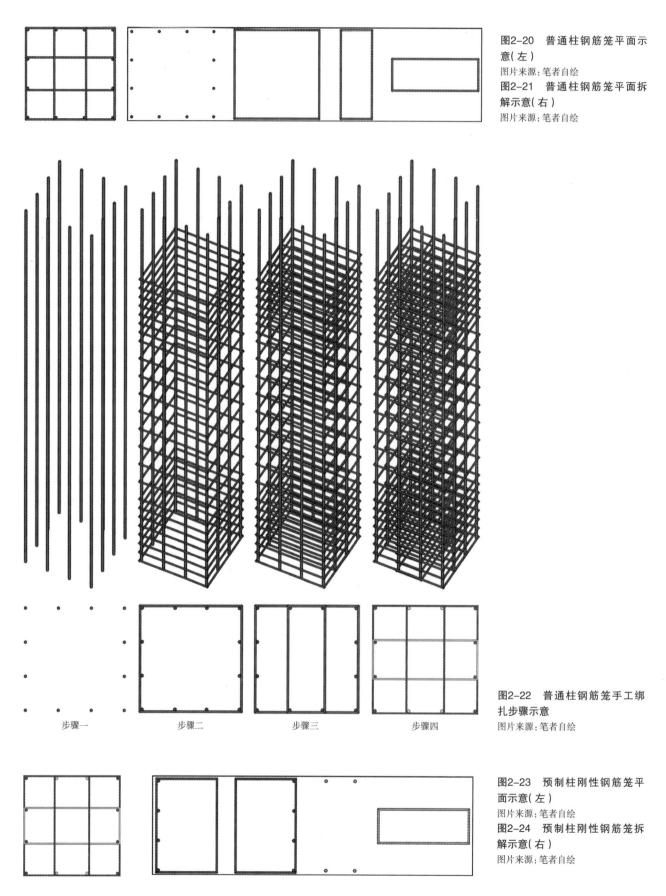

图2-20 普通柱钢筋笼平面示
意(左)
图片来源:笔者自绘
图2-21 普通柱钢筋笼平面拆
解示意(右)
图片来源:笔者自绘

图2-22 普通柱钢筋笼手工绑
扎步骤示意
图片来源:笔者自绘

步骤一    步骤二    步骤三    步骤四

图2-23 预制柱刚性钢筋笼平
面示意(左)
图片来源:笔者自绘
图2-24 预制柱刚性钢筋笼拆
解示意(右)
图片来源:笔者自绘

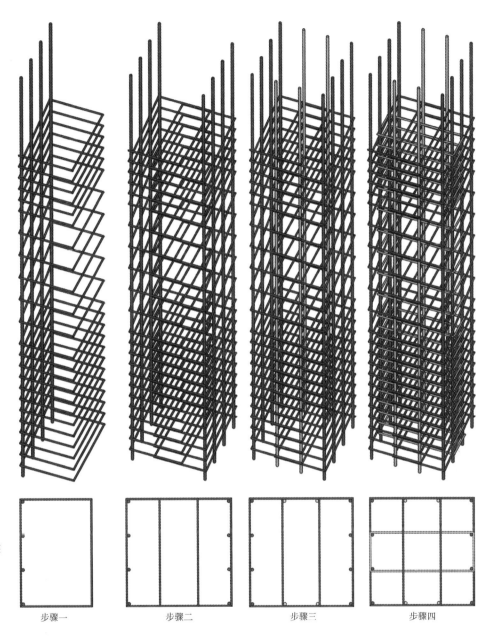

图2-25　预制柱刚性钢筋笼装
配步骤示意
图片来源：笔者自绘

步骤一　　　　　　步骤二　　　　　　步骤三　　　　　　步骤四

图2-26　某优质结构剪力墙钢
筋（左）
图片来源：http://bbs.zhulong.com/
102010_group_774/detail7398146
图2-27　某28层土建剪力墙钢
筋绑扎（右）
图片来源：http://www.sxsjjt.com.cn/
index.php？m=content&c=index&a=sho
w&catid=429&id=23652

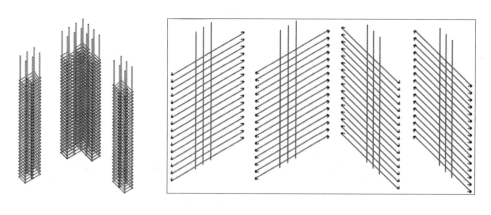

图2-28 L形剪力墙边缘约束构件（左）
图片来源：笔者自绘
图2-29 L形剪力墙网片构件（右）
图片来源：笔者自绘

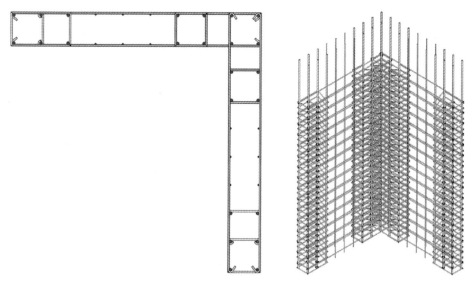

图2-30 L形剪力墙刚性钢筋笼平面图（左）
图片来源：笔者自绘
图2-31 L形剪力墙刚性钢筋笼轴测图（右）
图片来源：笔者自绘

笼容易出现尺寸偏差，且高空作业多不利于安全作业，成品质量不一。

因此，剪力墙的配筋应结合钢筋工业化生产，选用机械化建造的商品化钢筋构件来组合装配建造，以获得高品质、高效率。

剪力墙可视为由剪力墙柱、剪力墙身、剪力墙梁三类构成。剪力墙柱即边缘约束构件，表现为矩形钢筋笼形式，可以利用方形螺旋箍筋钢筋笼焊接设备一次生产成型。剪力墙身的钢筋较为规整，一般呈网格状布置，可以利用钢筋网焊接机直接成型。如图 2-28 所示，一个普通的 L 形剪力墙的边缘约束构件主要包含两端的矩形暗柱和转折点的 L 形暗柱。矩形暗柱可以通过前文所述方形螺旋箍筋钢筋笼焊接设备成型，L 形暗柱可参照前文所述柱钢筋笼的生产方式在工厂预制。如图 2-29 所示，是 L 形剪力墙墙身部分拆解为四面钢筋网，可直接生产。通过上述 3 个暗柱和 4 片钢筋网，在模台上进行剪力墙钢筋笼的装配——暗柱与钢筋网片通过点焊连接，相对的钢筋网片通过构造箍筋连接，即可形成如图 2-30 和图 2-31 所示的 L 形剪力墙刚性钢筋笼。

如图 2-32 至图 2-43，分别是 T 形剪力墙、Z 形剪力墙和 H 形剪力墙的刚性钢筋笼拆分原理示意图。不同尺寸的剪力墙，都可以在此基础上进行相应的变化和组合，基本可以涵盖民用建筑中剪力墙的使用类型。

这种由方形螺旋箍筋钢筋笼和钢筋网片共同构成的剪力墙的具体装配方式，将在下一节中进行具体地介绍。

### 2.2.3　横向结构刚性钢筋笼设计

建筑中，横向结构构件主要是梁和楼板。梁构件体量相对较小，但构造多种多样。楼板通常体量较大，但构造相对单一。

图2-32　T形剪力墙边缘约束构件( 左 )
图片来源：笔者自绘
图2-33　T形剪力墙网片构件( 右 )
图片来源：笔者自绘

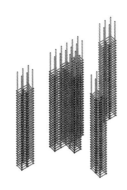
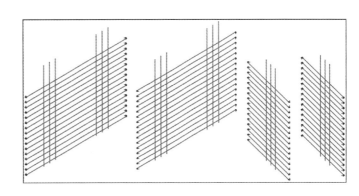

图2-34　T形剪力墙刚性钢筋笼平面图( 左 )
图片来源：笔者自绘
图2-35　T形剪力墙刚性钢筋笼轴测图( 右 )
图片来源：笔者自绘

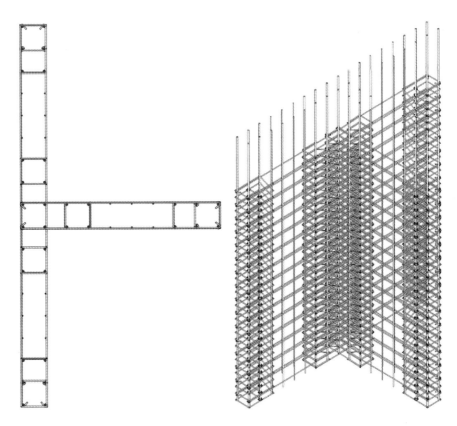

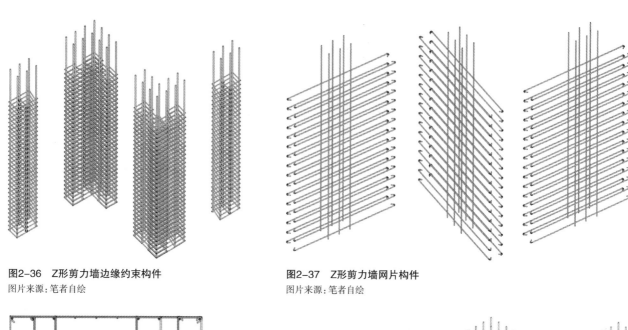

图2-36　Z形剪力墙边缘约束构件
图片来源：笔者自绘

图2-37　Z形剪力墙网片构件
图片来源：笔者自绘

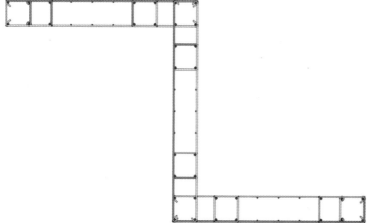

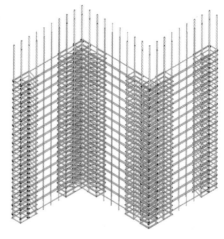

图2-38　Z形剪力墙刚性钢筋笼平面图
图片来源：笔者自绘

图2-39　Z形剪力墙刚性钢筋笼轴测图
图片来源：笔者自绘

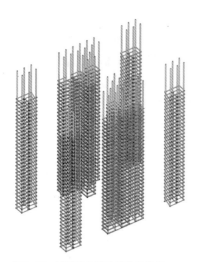

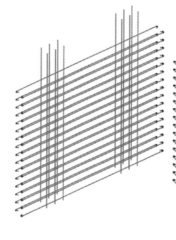

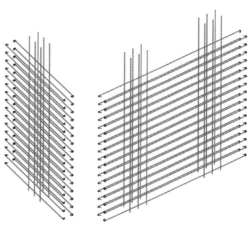

图2-40　H形剪力墙边缘约束构件
图片来源：笔者自绘

图2-41　H形剪力墙网片构件
图片来源：笔者自绘

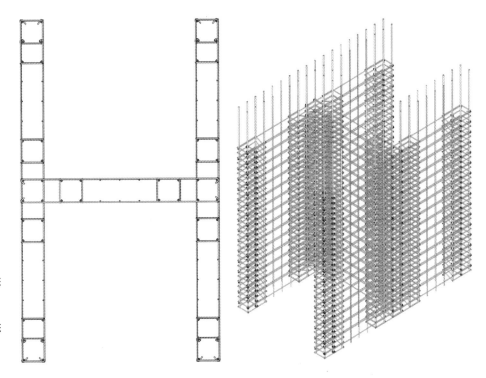

**图2-42　H形剪力墙刚性钢筋笼平面图（左）**
图片来源:笔者自绘

**图2-43　H形剪力墙刚性钢筋笼轴测图（右）**
图片来源:笔者自绘

#### 2.2.3.1　梁

　　梁是线性构件,钢筋笼生产方式可参照柱。梁的箍筋可采用钢筋折弯机一次成型,也可以采用螺旋箍筋。梁的下部钢筋应通长,应直接与箍筋点焊成整体,形成刚性钢筋笼;梁的上部钢筋,考虑到装配式不影响楼板钢筋的吊装,可考虑吊装至工位后再手工穿插。工厂成型的梁刚性钢筋笼箍筋间距精准,形成整体后刚度较大适合吊装,且吊装时只有钢筋,质量轻,吊装容易。

　　如图 2-44 是矩形梁刚性钢筋笼,图 2-45 是 T 形梁刚性钢筋笼,图 2-46 是其一次折弯成型的 T 形箍筋,图 2-47 是 T 形梁刚性钢筋笼的轴测示意图。

#### 2.2.3.2　楼板

　　装配式建筑中,楼板常采用叠合板的形式。叠合板的跨度通常在 3 m 以内,因而需要设次梁,给装配建造带来麻烦。楼板跨度越大,装配效率越高。井格式密肋楼盖是一种较为经济的大板形式,因此本书拟对密肋楼盖的钢筋

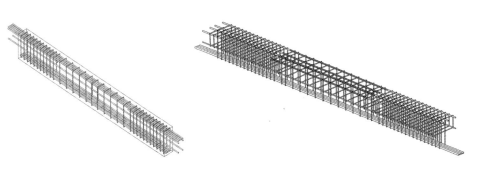

**图2-44　矩形梁刚性钢筋笼示意图（左）**
图片来源:笔者自绘

**图2-45　T形梁刚性钢筋笼示意图（右）**
图片来源:笔者自绘

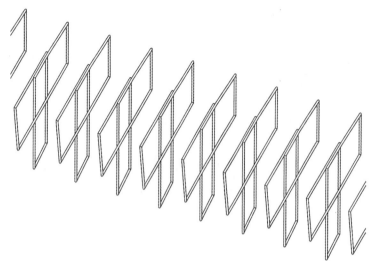
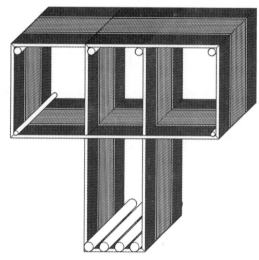

图2-46　T形梁刚性钢筋笼箍筋示意图（左）
图片来源：笔者自绘
图2-47　T形梁刚性钢筋笼轴测图（右）
图片来源：笔者自绘

笼做装配式建造研究。

　　密肋楼盖的跨度较大，为减少密肋厚度，可考虑利用如图2-5所示的二维钢筋桁架作为密肋的配筋。密肋楼盖双向受力时较为经济，因此需考虑两个方向的钢筋交接时的节点设计，可考虑通过标准节点进行连接，后文中有具体介绍。密肋楼盖肋与肋之间无配筋，为减轻自重通常考虑留空。但是肋与肋之间留空，相应地会导致密肋楼盖的底面表面积增大，混凝土浇筑时的支模工作量大且琐碎。因此，考虑在井格中填充倒梯形泡沫混凝土内芯，如图2-48所示。由图2-49密肋桁架楼板填充泡沫混凝土剖面中可以看出，泡沫混凝土既充当了肋梁侧面和井格底面的混凝土浇筑模板，同时可以改善密肋楼盖的保温、隔热、隔声等多方面性能。

　　当采用单片钢筋桁架作为肋梁配筋时，井格应根据600 mm方形规则轴线设计，确保泡沫填充块和肋梁底部铝模可以采用标准件建造。如图2-51至图2-53所示，当以螺旋箍筋钢筋笼直接作为肋梁配筋时，肋梁的轴线间距可扩大，与图2-50所示的密肋桁架楼板钢筋笼相比，其连接节点更少，装配效率更高。

图2-48　密肋桁架楼板填充泡沫混凝土（左下）
图片来源：笔者自摄
图2-49　密肋桁架楼板填充泡沫混凝土剖面（右下）
图片来源：笔者自绘

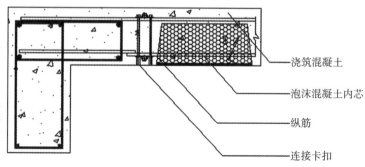

浇筑混凝土

泡沫混凝土内芯

纵筋

连接卡扣

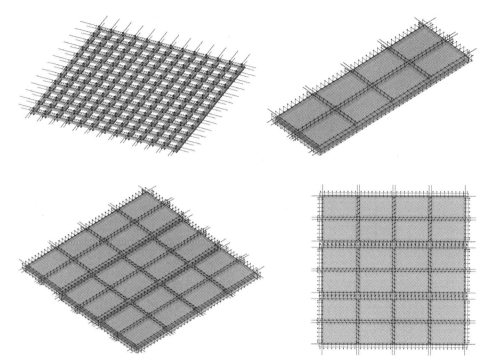

图2-50　密肋桁架楼板刚性钢筋笼（左上）
图片来源：笔者自绘
图2-51　螺旋箍筋密肋楼盖单元（右上）
图片来源：笔者自绘

图2-52　螺旋箍筋密肋楼盖轴测图（左下）
图片来源：笔者自绘
图2-53　螺旋箍筋密肋楼盖平面示意图（右下）
图片来源：笔者自绘

## 2.3　装配式刚性钢筋笼结构体装配原理

本书提供了一种新的建筑工业化研究思路，即第一步在工厂预制钢筋构件，第二步在现场拼装成为刚性钢筋笼，第三步将刚性钢筋笼吊装至工位现浇混凝土。由此可见，在这种建造模式下，构件有三级装配。

一级装配，发生在预制构件厂，即钢筋工业化制造厂。该层级的目的是在运输高效的前提下生产制作钢筋构件。比如柱或梁的刚性钢筋笼，本身是线性体量，制作完成后运输依然高效，因此应尽量在预制构件厂内制作，提高效率。剪力墙和楼板构件，剪力墙体量较为复杂，密肋桁架楼盖平面尺寸过大，都不适合运输，因此应考虑将构成刚性钢筋笼的构件高效地运输至工地进行装配建造。

二级装配，发生在工地工厂，即在工位附近临时搭建的有顶操作空间。该层级的目的是接收和管理预制构件厂运输来的构件，对已装配完成的构件进行维护，对未装配完成的构件，设有专用的工具和空间完成装配建造；并对预制构件堆场进行实时补给，以保证其长期保持三层的构件周转量。

三级装配，发生在工位上。该层级的主要目的是实现结构体刚性钢筋笼的连接，通过局部后加钢筋的形式，满足国家建筑结构规范，实现构件整体连接。

如图 2-54 所示，是某 8.4 m 跨度剪力墙结构的一个刚性钢筋笼结构单元。

图 2-55 是单跨剪力墙结构刚性钢筋笼实体，是笔者于 2016 年 6 月于北京展览馆参加国家"十二五"科技成就展时的展品。以下，笔者将以此结构体为例，具体阐述结构体刚性钢筋笼的三级装配原理。

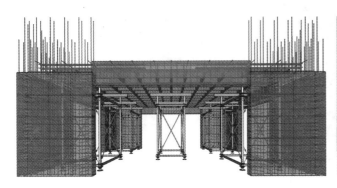 

图2-54 单跨剪力墙结构刚性
钢筋笼示意图（左）
图片来源：笔者自绘
图2-55 单跨剪力墙结构刚性
钢筋笼实体（右）
图片来源：笔者自摄

## 2.3.1 一级装配

柱和梁都是线性形体，适合卡车运输，因此运输效率较高，故而在工厂即可生产装配完成，不存在二级装配，在工地工厂仅作停留，与相应的构件一同运往预制构件堆场。柱刚性钢筋笼的生产和运输时都是平躺着的，但吊装时采用竖直的方式，因此在一级装配时应考虑对无箍筋部分主筋的保护，避免其在运输工程中产生形变。梁刚性钢筋笼，其制造、装配、运输和吊装时都是平躺着的，但是其刚度不如柱刚性钢筋笼，且为了不影响楼板钢筋的穿插，梁构件的上部钢筋通常在三级装配时才添加。因此，既要考虑梁构件缺少上部钢筋对整体刚性带来的影响，又要考虑在适当的位置绑扎上部钢筋，以便同时吊装至工位，方便三级装配。

剪力墙刚性钢筋笼，整体运输效率低下，所以要拆分为边缘约束构件和钢筋网片等适合运输的小构件，钢筋网片可以堆叠运输，边缘约束构件采用螺旋箍筋焊接钢筋笼，可成捆运输。需要注意的是，剪力墙刚性钢筋笼除了上述两个重要部分外，其配备的箍筋、卡条和免拆模板等应在运输中注意有序放置，以免混乱。

楼板刚性钢筋笼尺度巨大，不符合我国公路运输要求。楼板刚性钢筋笼的组成构件，都相对较小，适合运输。即使是其整体中最大的钢筋桁架，成片运输效率也很高。

综上所述，一级装配最重要的是实现运输高效。

前文所述展品，其一级装配构件如表 2-1 所示。

表2-1　展品一级装配构件表

| 结构体 | 一级装配构件种类 | 一级装配构件编号 | 数量 |
|---|---|---|---|
| 剪力墙 | 边缘约束构件 | YBZ-1 | 4 |
| | 边缘约束构件 | YBZ-2 | 8 |
| | 钢筋网片 | JGW-4 | 4 |
| | 钢筋网片 | JGW-4 | 4 |
| | 钢筋网片 | JGW-4 | 4 |
| | 钢筋网片 | JGW-4 | 4 |
| 梁 | 梁 | LL | 4 |
| 密肋楼板 | 横承托模板 | ZCT | 13 |
| | 纵承托模板 | HCT | 156 |
| | 主筋 | REBAR | 26 |
| | 钢筋桁架 | HJ | 13 |
| | 连接节点 | JD | 169 |
| | 泡沫混凝土填充块 | TCK | 144 |
| | 钢筋网片 | LBW | 4 |

### 2.3.2　二级装配

无法通过一级装配实现刚性钢筋笼整体的构件，需要通过二级装配在工地工厂形成大构件，以实现整体吊装。通常来讲，剪力墙和密肋大板都需要进行二级装配。

如图 2-56 和图 2-57 所示，是构成某 L 形剪力墙刚性钢筋笼的方形和 L 形边缘约束构件。图 2-58 是该剪力墙的钢筋网片。在正式的工地工厂内，应有相应的模台和龙门吊互相配合将边缘约束构件和钢筋网片装配组成 L 形剪力墙刚性钢筋笼。图 2-59 至图 2-62 是笔者在钢筋工业化制作厂内自摄的剪力墙刚性钢筋笼的试装配。图 2-59 是将一个方形边缘约束构件和一个 L 形边缘约束构件通过两片钢筋网片连接形成剪力墙的一半后，需要将

**图2-56　方形边缘约束构件（左）**
图片来源：笔者自摄
**图2-57　L形边缘约束构件（中）**
图片来源：笔者自摄
**图2-58　剪力墙钢筋网片（右）**
图片来源：笔者自摄

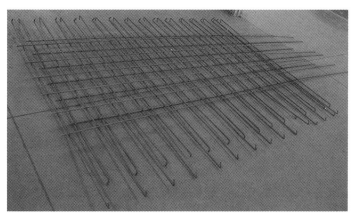

已完成的部分用龙门吊起吊保持竖直，以保证剪力墙的另一半在平地上组装。图2-60中，工人正在将已完成的一半剪力墙与平铺在地面上的钢筋网片定位连接。图2-61显示出地面的钢筋网片已定位，开始安装剩下的边缘约束构件。连接完所有的边缘约束构件和钢筋网片之后，应将剪力墙竖直摆正，然后手工补齐相对两片钢筋网片之间的箍筋构造（图2-62），最后通过安装卡条将免拆模板安装上去。至此剪力墙刚性钢筋笼通过二级装配形成了吊装大构件。

密肋楼板的二级装配，如图2-63至图2-68所示，是笔者在北京布展期间记录的钢筋桁架密肋大板的二级装配过程。首先需要在平地上定位轴线，然后通过横承托模和纵承托模组合形成定位系统，再依次由下及上安装下部主筋、钢筋桁架和上部主筋，最后通过连接件将所有的钢筋连接成为刚性钢筋笼，即可通过专用吊具进行吊装。3位工人在两小时以内可完成一块大板的二级装配，如果技术熟练，装配速度将更快。

**图2-59 起吊已完成的一半剪力墙（左）**
图片来源：笔者自摄
**图2-60 与地面钢筋网片定位连接（右）**
图片来源：笔者自摄

**图2-61 焊接边缘约束构件（左）**
图片来源：笔者自摄
**图2-62 补齐钢筋网片之间箍筋（右）**
图片来源：笔者自摄

图2-63　布置横承托模

图2-64　承托模布置完成

图2-65　布置横向下部主筋

图2-66　布置纵向钢筋桁架

图2-67　布置横向上部主筋

图2-68　安装吊具准备吊装

图片来源:图2-63~图2-68笔者自摄

**图2-69　钢筋桁架密肋楼板的连接节点示意图图(左下)**

图片来源:笔者自绘

**图2-70　钢筋桁架密肋楼板的连接节点装配工具(中下)**

图片来源:笔者自摄

**图2-71　钢筋桁架密肋楼板的连接节点装配完成效果图(右下)**

图 2-69 是钢筋桁架密肋楼板的连接节点构造图,每个节点有 4 个长螺栓,图 2-70 是工人通过手持式机械拧紧螺母,图 2-71 是其完成效果。

表 2-2 是钢筋桁架密肋大板二级装配的步骤示意表。

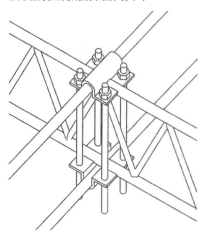

表2-2 钢筋桁架密肋大板二级装配步骤示意

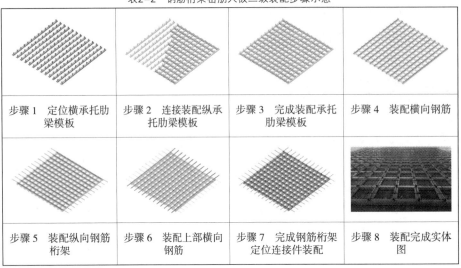

| 步骤1 定位横承托肋梁模板 | 步骤2 连接装配纵承托肋梁模板 | 步骤3 完成装配承托肋梁模板 | 步骤4 装配横向钢筋 |
|---|---|---|---|
| 步骤5 装配纵向钢筋桁架 | 步骤6 装配上部横向钢筋 | 步骤7 完成钢筋桁架定位连接件装配 | 步骤8 装配完成实体图 |

### 2.3.3 三级装配

三级装配是将刚性钢筋笼吊装至工位上定位后,通过后加少量的钢筋使其满足国家建筑结构规范的要求。构件在进行吊装时,应配备相应的吊装工具。例如,密肋楼盖跨度达8.4 m,构件尺寸较大,不能直接利用塔吊吊装。如图2-72所示,是密肋大板的专用吊装工具的吊点示意图,图2-73是该吊装工具的示意图。钢筋笼构件吊装至工位后,应有定型定位支撑系统,柱或剪力墙应设斜撑支护,梁可采用点式支撑,楼板则应采用集装架类的多点支撑。如图2-74所示,部分钢筋是在结构体预制刚性钢筋笼吊装定位后现场手工添加的,其目的是将钢筋部分紧密连接为整体,以符合国家建筑结构规范。在进行后加钢筋时,应注意保障高空作业人员的安全。

如表2-3,是前文所述展品的三级装配建造模拟,首先应放线进行定位,然后吊装定位竖向结构构件装配式刚性钢筋笼,再定位梁构件的点式支撑,完成后进行梁装配式刚性钢筋笼的吊装定位,再定位楼板的支撑集装架,吊装定位钢筋桁架大板后,现场添加少量后加钢筋,完成装配。

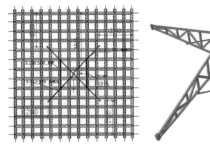

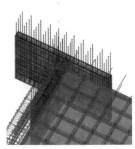

图2-72 密肋大板吊装工具的吊点平面示意(左)
图2-73 密肋大板吊装工具示意(中)
图2-74 三级装配少量后加钢筋示意(右)
图片来源:图2-72~图2-74笔者自绘

表2-3　三级装配步骤示意图

| 步骤1　放线 | 步骤2　吊装定位竖向结构构件装配式刚性钢筋笼 | 步骤3　完成竖向结构构件装配式刚性钢筋笼吊装定位 | 步骤4　手工定位梁底点式支撑架 |
| --- | --- | --- | --- |
| 步骤5　吊装定位梁构件装配式刚性钢筋笼 | 步骤6　吊装定位板底支撑架 | 步骤7　吊装定位钢筋桁架大板 | 步骤8　现场三级装配少量钢筋，最终完成结构体装配式刚性钢筋笼 |

### 2.3.4　小结

本小节梳理了刚性钢筋笼的装配流程，提出了三级装配建造模式，实现了高效地运输。

钢筋构件的一级工厂装配，是为了生产运输件，主要包括柱、梁、剪力墙边缘约束构件、钢筋网片、网模、密肋大板底模等构件的工业化生产。

钢筋构件的二级工地工厂装配，是为了实现吊装构件，主要包括剪力墙和大板。

钢筋构件的三级工位装配，是将刚性钢筋笼连接为整体：将刚性钢筋笼剪力墙、梁、楼板等连接成一个整体结构，通过商品混凝土现场浇筑整体成型。

该技术实现了分级装配大构件，提高了运输、起吊及工业装配等环节的经济性和效率。

## 2.4　本章小结

本章主要讲述的装配式刚性钢筋笼结构构件的设计和装配原理，是在现行规范前提下的工业化设计思路，符合国家钢筋混凝土大规范并简化施工。钢筋实现机器生产，精度、损耗可控，是钢筋制作与连接的技术创新。

# 第3章 基于装配式刚性钢筋笼的工业化建筑设计方法

## 3.1 工业化建筑设计原则

传统的建筑设计是一个相对独立的过程，在后续设计工作中可以进行一定的优化和调整。与此不同，工业化建筑设计一旦确定后则难以更改，牵一发而动全身，故而在设计阶段一定要综合考虑建筑设计、生产、制造、装配、维护等各个过程，为建筑全生命周期打下良好的基础。

工业化建筑设计主要包括前期技术策划、方案设计、初步设计、施工图设计、构件深化设计、一体化装修设计等协同设计内容，在这一系列过程中，建筑方案设计对技术策划起到落实作用，对后期工作起到总领作用，是工业化建筑设计的关键。

本章基于前文所述基于刚性钢筋笼的建筑工业化实施工法，首先确立了三个建筑设计的基本原则，然后针对构件分类展开了具体的工业化建筑设计方法研究。

### 3.1.1 构件独立原则

建筑的各个组成部分，结构体、外围护体、内分隔体、装修体和设备体应尽量保持独立，不与其他构件产生穿插。这既可以保证在生产、建造过程中不相互影响，更重要的是，在日后的改造更新中，构件可以独立地更换，为建筑提供较好的可改造性和可更新性。

（1）结构体。其本身具备较高的独立性。如第2章中，结构体基本可清晰地划分为竖向结构的柱和剪力墙、横向结构的梁和楼板。对于结构体本身，如何将独立的构件连接成整体是最重要、最复杂的。连接构造也应当遵循独立的原则，通过独立的连接构造将预制构件连接在一起，再通过现浇混凝土或者灌浆混凝土的方式使其成为整体。结构体与其他构件之间应尽量不穿插，尤其是与装修体之间应避免穿插。柱和剪力墙中不应预埋管线，更不能在施工完成后剔、凿孔洞。楼板因上下楼层之间的管道原因，构件的穿插不能避免，但在这种情况下，应尽量考虑集中管线布置、开大洞，而不是开很多的小洞。总之，结构体作为承重构件应保持独立。结构体与其他构件保持独立，可以保证结构体的安全；结构体构件自身保持独立，则是为了更好地装配建造。

（2）外围护体。在建筑工业化的前提下，其宜采用预制大板建造模式，其构件本身已具备独立性。外围护体作为整体的建筑界面，应当与其他构件保持独立。外围护体不应与结构体产生穿插关系，不应被结构体打断，其对建筑应尽量是包裹状态，而非与其他构件一起对建筑进行包裹。

（3）内分隔体。应考虑到其更换周期短——通常 10 到 20 年左右会被拆除更新，所以必须考虑到内分隔体拆除的便利性。这就要求内分隔体必须具备独立性，不可与结构体产生密切关联。

（4）装修体。地面装修应尽量考虑架空地板的做法，既可以保持独立以便于拆换更新，又可以留有空间将其他装修构件置于其内。顶面装修类似于地面装修，可考虑吊顶内再布置其他装修构件。总的来讲，伴随着装修工业化和精装修的普及，利用架空地板将装修体独立设计的方法将得到普及。

（5）设备体。其本身即具备较好的独立性。在设计中应尽量考虑设备露明，不应刻意将设备体隐藏于其他构件之内，如此即可保证设备体独立，亦方便维修与更换。

总之，工业化建筑中的构件应尽量遵循独立的原则。

### 3.1.2　标准构件原则

建筑中的标准构件越多，其生产和装配效率就越高。但是建筑的最终目的是为社会提供更好的房子，而非单纯地追求高效。在装配式建筑发展之初，人们曾一味地追求高预制率，追求构件种类最少，因而造成了早期的工业化建筑外形比较呆板、千篇一律，如 20 世纪 20 年代美国的装配式建筑，20 世纪 50—70 年代瑞典的装配式建筑，20 世纪 60 年代日本的装配式建筑等。这使得人们觉得工业化建筑廉价且不美观，严重阻碍工业化的发展。所以，在工业化建筑的设计中，应适当增加构件的灵活性和多样性，使其不仅能够成批建造，而且样式丰富。

为了尽量解决建筑工业化大生产所要求的构件种类少和建筑样式丰富性之间的矛盾，在建筑设计中可以考虑将构件区分为标准构件与非标准构件。建筑标准构件不仅可以应用于某一个或某一组建筑，而且是整个国家或者区域内的建筑都可以套用的标准构件。建筑非标准构件则可以独立应用于某一个或某一组建筑，可以使得建筑有独特性。建筑非标准构件带来的材料成本、施工成本、维护成本等的增加，可在增值中被抵消，从而实现双赢。

需要说明的是，建筑标准构件与非标准构件间并不存在不可逾越的鸿沟。例如，当标准构件生产到最后几步时，如果将每个构件单独加工处理，即可在同一基础之上获得各不相同的非标准构件。这样既可以保证大的尺度上的一致，又能得到各不相同的非标准构件，还可以大幅降低非标准构件的成本，同时可以保证构造连接的一致性，是一种较为可行的非标准构件设计生产方法。标准构件生产完成之后，同样可以在其上通过附加不同的轻质构件或通过喷涂等二次加工来获得非标准构件。另外，建筑标准构件并不是指单纯的尺寸上的一致。例如，某两根梁其截面尺寸和长度完全一致，但是其配筋不同，也不能认为是同一种标准构件。所以，建筑标准构件除了尺寸上的一致外，其内部构造和与其他构件的连接方式也是重要的考虑因素。

对于大量的民用建筑应当以标准构件为主，实现设计标准化，以便于构件的生产、加工、运输、装配、维修等。

结构体的构件在设计时应尽量设计为标准构件，宜减少非标准结构体构件数量。在允许的生产、运输和装配条件下，结构体标准构件应尽量大，以减少构件数量和减少构件之间的连接节点数量。钢结构、木结构和竹结构因构件本身较轻，在装配中难度相对较小，非标准构件可以适当多一些。钢筋混凝土结构中结构体构件往往都较大较重，即使是尺寸相同的构件仍然可能存在配筋或者开槽等差异，所以在钢筋混凝土结构中，结构体的设计更应进行适当的归并，在建筑策划和建筑设计阶段充分考虑到结构体构件的生产、运输和装配。对于柱构件，考虑到与梁、板的交接，一般至少需要角柱、边柱和内部柱三种，应尽量在此基础上进行复制，而不是根据传统的配筋方式使得柱构件种类太多。对于剪力墙构件，应尽量在平面上归并其几何形状，宜采用 L 形、T 形、Z 形、H 形等可以独自站立的构件，采用一字形的剪力墙虽然有利于生产和提高运输效率，但其在装配时需要额外支撑会对建筑施工产生不利影响。对于梁构件，应尽量根据跨度归并梁的截面尺寸，并应尽量避免梁搭梁的结构形式，这会严重影响主梁的预制效率，并在施工时产生较多的额外工序。对于板构件，应找到合理的模数来控制板构件的划分。总体上，结构体构件设计应采用标准构件，某些非标准构件无法避免时应通过设计的归并使其种类和数量尽量减少。

外围护体的构件设计应在标准构件与非标准构件之间取得均衡。对于住宅建筑、工业建筑、办公建筑等，应尽量通过外围护体标准构件的不同排列组合取得丰富的立面效果。对于商业建筑、文化建筑等一些对造型要求较高的建筑，如果预算及建造技艺许可，则不应局限于标准构件，可以通过非标准围护构件建造。

内分隔体的构件设计应尽量符合标准构件的设计标准。对于主要使用空间而言，应使分隔体的类型尽量少。在具体的设计中，还和具体的内分隔体建造方式有关：如果采用预制混凝土板直接吊装而成，应尽量减少标准构件类型和非标准构件数量；如果采用可复制拼装的板材拼接而成，则应使内分隔体尽量符合构件的模数，常见的模数如 300 mm、600 mm、900 mm 和 1 200 mm 等，尽量避免非标准构件而导致板材的切割；如果采用石膏砌块、发泡混凝土砌块、空心砖等建造，则应根据具体材料的构造特性来设计相关模数，同样需要避免切割。对于楼梯间、厕所或设备间等辅助空间的分隔，由于空间狭小或曲折，其内分隔体往往不得不采用非标准构件，这种情况下应充分考虑到施工的难易，从而选择合适的材料，避免产生太多的非标准构件。

在标准层的平面设计中，宜多使用标准构件进行设计和建造，以此提高建筑质量并产生较大的经济效益。建筑顶部和低层裙房部分，在标准构件的基础上适当添加非标准构件，是使得建筑样式更为丰富的有效途径。

随着建造体系的发展和成熟，工业化建筑标准构件应当形成构件库，在建筑标准的引导下，完善设计、生产、运输、装配和维护产业链，形成一套完整的系统。在今后的设计中，标准构件库可以直接套用，避免重复研发产生浪费，同时可以逐渐完善建造全流程。设计师应当在充分了解标准构件库的基础之上，运用构件库并结合非标准构件进行设计，可以有效提高建筑质量、缩短建筑工期、降低建筑成本等。

### 3.1.3　大空间原则

建筑工业化，从构件的运输和装配来看，要求结构体构件数量和种类越少越好。但是支撑建筑的结构体体积可以认为是一定的，于是要求每个结构体构件尽量大，以此实现构件数量少。构件数量少且大，反映到建筑设计当中，则要求建筑空间大。例如，某多层建筑柱网全部是 8.4 m×8.4 m，相比于 4.2 m×4.2 m 的柱网，构件数量将减少一半，相应的连接节点也将减少一半。当前我国的建筑设计，往往是由具体的功能布局来决定结构体的布置，是由功能面积大小决定空间的大小，进而决定结构体的布置。这种情况尤其以住宅建筑设计时最为明显，通过建筑结构体直接划分具体房间大小，导致住宅建筑结构体种类多样，且空间狭小封闭。这种空间形式，既不利于建筑工业化，也不利于未来建筑空间的更新改造。所以，在工业化建筑设计中，应符合大空间的原则，有利于建筑构件的工业化生产、装配和建造。

另外，建筑内部空间的可改造性和可更新性也同样要求大空间。在这方面的研究，以 SI 住宅为代表。SI 住宅的基本理念是"将住宅的承重结构（S）

与填充部分（I）区分开来，通过加固S部分，尽可能地延长住宅的寿命，同时把I部分在允许的范围内自由地变化"。如图3-1所示，支撑体是住宅的主体结构，主要包括承重结构中的承重墙、柱、梁和楼板等，不可随意改变；而填充体则不属于结构部分，主要包括内隔墙、内装修、设备等随着时间的变化可能变动的部分。SI体系中S与I的分离为建筑部品行业提出了更明确合理的市场分工：支撑体由专门的团队进行设计与施工；填充体由专门的部品商负责内装、外装和设备等的专业生产。整个SI行业内各企业各司其职，有利于权责的明确，促使企业通过提高产品质量进行良性竞争。只有大空间才能为内部空间带来可改造性，如果空间狭小，则不利于空间可变。如图3-2是日本建筑大师菊竹清训的自宅，其通过四片竖向墙体支撑起大跨度密肋楼板，实现了大空间，因此其内部空间可具备多种多样的变化形式。

因此，工业化建筑应尽量遵守大空间的原则。

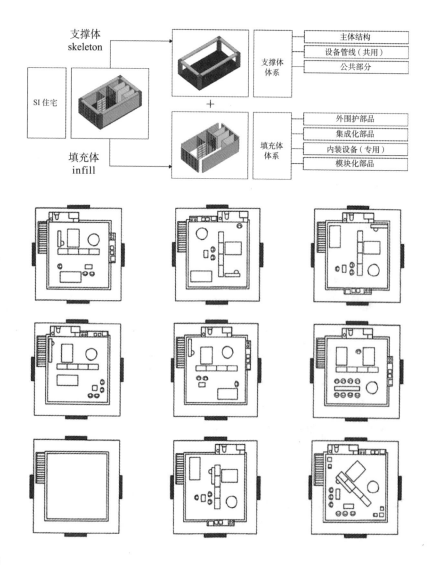

**图3-1　SI概念示意图**
图片来源：刘东卫. SI住宅与住房建设模式理论·方法·案例[M]. 北京：中国建筑工业出版社，2016.

**图3-2　菊竹清训的自宅大空间产生的平面多样性**
图片来源：http://socks-studio.com/2013/12/12/ sky-house-by-kiyonori-kikutake-1958/

## 3.2　基于装配式刚性钢筋笼的工业化建筑设计

工业化建筑设计包括前期技术策划、方案设计、初步设计、施工图设计、构件深化设计、一体化装修设计等协同设计内容，其中建筑师涉及较多的是前期技术策划与方案设计。这也是建筑工业化的起点与核心所在，也正是本书的研究内容。

传统建筑设计通常是在建筑设计方案完成后再进行建造策划。工业化建筑则相反，一般在建筑设计前期策划中需根据项目概况确定建造模式和技术方案，建筑师据此进行具体的建筑方案设计。在建筑设计中，应注意不违背工业化技术原则。

由此可见，工业化建筑设计应先进行总体策划，再在前文所述设计原则的控制下，进行各构件体的具体设计。

### 3.2.1　总策划

建筑工业化在策划阶段，对建筑设计影响较大的是技术方案和施工方案的制定。

技术方案上，刚性钢筋笼技术适用于框架结构、剪力墙结构和框架－剪力墙结构，既可用于高层建筑，也适用于低层建筑。从建筑规模上来讲，刚性钢筋笼技术不同于预制混凝土技术需要开模等，因此前期投入成本较少，无论建筑规模大小都可采用；而采用预制装配式混凝土技术的建筑若没有一定规模，则无法收回成本。从运输和吊装等环节来看，刚性钢筋笼技术对设备的要求也不像预制装配式建筑那么苛刻。所以，从技术方案上来讲，刚性钢筋笼技术成本低，适用范围广，易于推广。

施工方案上，与传统建筑不同的是，需要预留更大的施工位置。其中最重要的是考虑预制构件堆场位置和塔吊位置。

预制构件需要生产、组装、编号，运送至构件堆场，再吊装至工位。如第2章所述三级装配工法，在预制构件厂生产好一级工厂件，运输至工地原材料堆场，再到工地工厂进行二级装配，得到完整的钢筋笼构件后，再运输至工位预制构件堆场，最后才吊装至建筑上。研究表明，工位预制构件堆场，一般保留三个标准层的构件量，太少影响施工组织效率，太多则占用过多面积。而这些预留工地，包括原材料堆场、工地工厂、工位预制构件堆场、工人生活区、办公区等，一般占建筑标准层面积的两倍以上。上述三级装配工法，是基于工地周边有预制构件厂的前提展开的。如若工地周边无预制构件厂或预制构件厂较远，或者工地地处偏僻，运输难以到达，则需考虑游牧式预制构件厂，即将生产设备运输至工地，在工地周边形成临时预制构件厂，这种情况下需要预留的工地面积则更大。

建筑工业化建造中对塔吊的要求较高，主要原因是预制构件的体积和质量较大。而塔吊的租金较贵，非常规塔吊的租金足以影响施工成本。所以这就要求技术策划时，提前选定好塔吊型号，在塔吊最大起吊质量以内进行工业化建筑构件设计。预制混凝土构件，因为混凝土已经预制好，质量极大，这大大影响了运输效率和吊装安全性等。本书所提出的刚性钢筋笼技术，因为仅仅吊装钢筋构件，在质量上具有较大的优势，也正是因为这样，刚性钢筋笼结构构件才能做成大构件，实现大空间。而预制混凝土构件如果想要做到大构件，质量很容易超过5 t，一般塔吊根本无法实施吊装。

塔吊的位置也需要精心设置。当建筑高度较低时，塔吊周转效率较高；当建筑高度较高时，塔吊的周转效率大大降低。当只有一个塔吊时，其通常位于建筑长边的中点处，并应靠近预制构件堆场；当有两个甚至更多塔吊时，通常将其布置在建筑的转角处，通过塔吊的组合覆盖建筑施工范围，同时也应靠近预制构件堆场，提高塔吊周转效率。

### 3.2.2 结构体设计

根据第2章中所述结构构件的设计与装配方法，在进行具体的建筑设计时，首先应根据项目概况选定具体的结构形式，即框架结构、剪力墙结构或是框架－剪力墙结构，然后在大空间的原则下进行粗略的平面布置，然后根据刚性钢筋笼原理选定合适的结构体尺寸——该尺寸应同时符合结构体模数设计。在结构体满足计算的前提下，建筑师可通过结构体的排列组合，创造出理想的建筑空间。以下将展开叙述基于装配式刚性钢筋笼的结构体模数设计和结构体的平面、剖面设计原则。

#### 3.2.2.1 结构体模数设计

结构体的设计，应该在符合国家建筑结构规范的前提下，对结构体进行适当的归并，尽量统一结构体的尺寸，用标准构件做设计，不能过度追求结构体的客观经济性，可以适当地将结构体做大或者钢筋加粗。统一构件种类后，应设计符合刚性钢筋笼的生产装配原理的模数。

建筑中常用的柱的刚性钢筋笼通常不需要二级装配，在工厂内预制好后可直接运输至工地构件堆场。因此，建筑中的柱构件应该选用通用构件，无需构件厂再次研发设计。柱的外观尺寸可以固定为400 mm宽的方柱、500 mm宽的方柱、600 mm宽的方柱、700 mm宽的方柱和800 mm宽的方柱，结构要求有细微差距的时候，可以通过在钢筋笼中后加主筋或者箍筋的方式形成非标准构件。

　　建筑采用剪力墙结构时往往比较复杂，此时更应主动归并剪力墙种类，尽量形成 L 形、T 形或者 H 形的标准构件。当剪力墙的平面尺寸符合结构计算要求后，应使剪力墙的外观尺寸符合第 2 章中所述剪力墙用钢筋网片的模数，通过钢筋网片将边缘约束构件连接为整体的剪力墙受力结构。边缘约束构件在预制构件厂以成品的形式出现，其符合 200 mm、250 mm 和 300 mm 的剪力墙宽度要求。在剪力墙自身的结构设计中，可以将边缘约束构件视为标准构件，而钢筋网片则可依据具体设计尺寸做模数为 100 mm 的调整。

　　建筑中梁本身的构造相对比较简单，其刚性钢筋笼制作难度不大。普通矩形梁为主筋加上矩形的箍筋，T 形梁为主筋加上机械一次成型的 T 形箍筋。梁的截面尺寸一般由计算得出，各个部位的梁配筋形式不尽相同，但是可以找构造相对简单的梁作为标准件，复杂的梁可以通过在标准件上附加钢筋的方式制作。梁的长度，则由箍筋的密度控制，一般加密区控制在 100 mm，非加密区控制在 200 mm，通过箍筋还可以控制和楼板的交接关系。

　　楼板在本书的研究中，因考虑到大空间大构件的建筑设计原则，都采取密肋大板的形式，故而楼板的模数控制在密肋的密度上。因密肋楼板中填充块和模板相对固定，肋梁的轴线尺寸与之相对应，为 600 mm 或者 1 200 mm，所以楼板的平面尺寸模数应控制为 600 mm 的整数倍。密肋楼板的厚度相对固定，在 8.4 m 左右的双向板设计时考虑为 300 mm。如果跨度出现变化，可以根据填充块的高度变化调整为 200 mm 或者 350 mm。

### 3.2.2.2　结构体平面设计

　　结构体的平面应尽量规整，以较少的结构体构件进行组合，形成符合使用需求的空间形式。

　　对于框架结构而言，应尽量以同一规格的柱网进行结构排布，以保证柱、梁和楼板的规格种类最少。

　　对于墙体结构而言，既可以在统一的轴线中进行布置，也可以在变化的轴线中进行布置。如图 3-3、图 3-4 所示的两幅平面布置图，通过结构墙体在规则轴线中布置，仅以几种竖向结构构件即构成建筑平面，简洁高效。如图 3-5、图 3-6 所

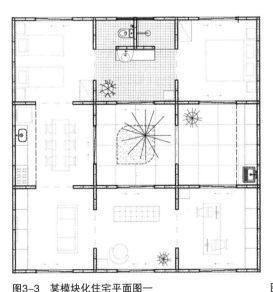

图3-3　某模块化住宅平面图一

图片来源: http://www.designboom.cn/news/show.php?itemid=2655

图3-4　某模块化住宅平面图二

图片来源: http://images.adsttc.com/media/images/5437/22a9/c07a/80e4/c800/0040//section_（2）.jpg

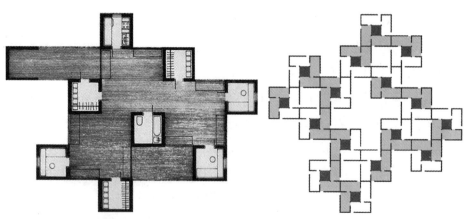

图3-5 森林住房平面图
图片来源：http://socks-studio.com/2014/02/08/rooms-in-the-forest-jan-szpakowiczs-house-1971/

图3-6 某保障性住房平面示意图
图片来源：http://newatlas.com/mits-1k-house-project-first-prototype/19887/#p142985

示的两幅平面布置图，通过结构墙体在规则变化的轴线中布置，仅以一种竖向结构构件，通过丰富的变化，产生了多变的空间效果。

### 3.2.2.3 结构体剖面设计

结构体的剖面设计要求尽量规整，避免错层。如图 3-7 所示，如果建筑中需要不同高度之间产生空间关联，应尽量采取整体通高，移除一整块楼板的形式；如图 3-8 所示，如果建筑中出现了非整数层高的变化，会造成竖向结构和梁非标准构件数量的增加，因此，在大量的民用建筑设计中，剖面设计应尽量规整。当然，在一些特殊建筑中，为了空间的丰富性等目的，出现错层也并非完全不能解决，只是建筑成本会相对提高。

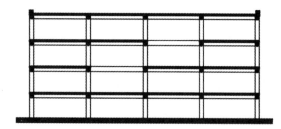
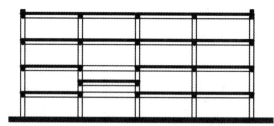

### 3.2.3 外围护体设计

建筑外围护体，指的是建筑与空气直接接触的围护界面，主要包括墙体、门、窗、屋顶等。合理的围护体设计，可以使得建筑室内舒适度大幅提高，降低建筑耗能。在设计与施工时采用更高性能的围护结构，虽然短期内增加了建筑成本，但是随着时间的推移，其节约的耗能费用完全可以弥补增加的成本，并给使用者提供舒适的使用环境，同时能保护建筑内部构件，使建筑寿命更长久，进而实现可持续发展。

工业化建筑设计中，外围护体是自承重构件，只承受其本身的荷载，包

图3-7 整数倍的结构体剖面变化示意（左）
图片来源：笔者自绘

图3-8 非整数倍的结构体剖面变化示意（右）
图片来源：笔者自绘

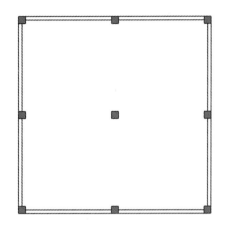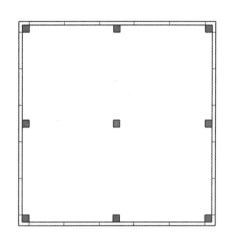

图3-9　两种外围护体与结构体
的关系
图片来源：笔者自绘

括自重、风荷载、地震荷载，以及施工阶段的荷载等，不考虑分担主体结构所承受的荷载和作用力。不过考虑到外围护结构的主体材料往往是钢筋混凝土，自重较大，会对主体结构的计算产生影响，因此，在不影响围护体性能的前提下，合理地减小外围护体的体积或者采用密度更小的建筑材料，可以减轻外围护体自重，对于结构计算和施工中的吊装、定位都会大有裨益。

目前我国的建筑工业化，外围护体多采用预制混凝土外墙板。预制混凝土外墙板表面平整度好、整体精度高，同时建筑物的外窗和外立面的保温及装饰层可以直接在工厂预制完成，以提升生产效率且使质量可控，是建筑工业化的重要组成部分。

根据前文所述构件独立原则，外围护体应尽可能自身形成完整界面，而不被结构体等阻断。因此，在设计中，通常考虑采用悬挂的形式，而不是嵌入结构的方式。如图 3-9 所示，左图的外围护体被结构体所阻断，未能形成完整的围护界面，而右图中，外围护体采用悬挂的形式，形成了完整的围护界面。

### 3.2.4　内分隔体设计

内分隔构件是 SI 体系中填充部分（Infill）最重要的组成部分，主要是指建筑内部的竖向隔墙，其在建筑中只承受自重，仅用于室内空间分隔。一般来讲，由于内隔墙并不承重，在建造时使用的材料应以轻质为主。目前我国常用的内隔墙体系主要有以下五种：砌块体系、条板体系、整体墙板式、框架蒙皮式和网模体系。

尽管内隔墙一般采用轻质隔墙体系，但是当有一定的隔音或硬度要求时，其自重对于楼板的承重而言不可忽略。柯布西耶提出的"新建筑五点"中的自由平面，由于以上原因其实并不能真正实现，尤其是传统建筑中的楼板往往按照极限厚度来设计，如果在楼板上加建内分隔墙，只能采用轻质材料分隔空间，其隔音等要求都不能得到满足。但是，如果单纯地把楼板的设计荷载变大，使其满足真正的自由平面——处处都可以后加隔墙的话，楼板会变得很厚，材料浪费严重，且层高损失较大，不够经济。

采用第 2 章所述的刚性钢筋笼密肋楼板可以解决上述矛盾。刚性钢筋笼密肋楼板，符合大空间大构件的原则，其虽然不能做到板面上任意加隔墙，但在肋梁上加隔墙符合其受力原理。因此，刚性钢筋笼密肋楼板适用于可更新改造的内分隔墙体设计。对于尺度比较细分的居住建筑，可以采用井格为 600 mm × 600 mm 的密肋楼盖，那么内隔墙的轴线变化模数即为 600 mm。对于尺度相对较大的公共建筑，可以采用井格为 1 200 mm × 1 200 mm 的密肋楼盖，那么内隔墙的轴线变化模数即为 1 200 mm。

在住宅建筑中，采取 600 mm × 600 mm 的密肋楼盖，可以去掉整个密肋中的泡沫混凝土填充块，作为上下管道空间，对楼板结构不产生直接影响。

## 3.3  本章小结

本章首先确立了工业化建筑设计的三个重要原则：构件独立原则、标准构件原则和大空间原则，再结合装配式刚性钢筋笼技术，分析对应的具体的建筑设计方法。基于装配式刚性钢筋笼的工业化建筑设计方法，既包含大的建筑策划层面，也要考虑刚性钢筋笼对结构体、外围护体和内分隔体等具体的影响，应在刚性钢筋笼控制的细节尺寸和符合装配建造工法的总体策划之间相互协调，取得均衡。

# 第4章 建筑工程设计实践

前文所述工业化建筑设计方法,有赖于工程实践的检验,并在实践中反思,进一步优化设计方法与原则。

本章是通过上述工业化建筑设计方法,完成了两个具有代表性的、不同结构体系和功能形式的工程实践方案设计。高层保障性住房项目为剪力墙结构,建筑限高100 m,功能以公寓为主;南京市江北新区科创园公共服务中心项目为框架结构,建筑限高24 m,功能由办公、商业、展览和会议等复合而成。

## 4.1 高层保障性住房设计

### 4.1.1 项目背景

保障性住房是政府为中低收入者提供的限定标准、价格或租金的住房,多位于城市非中心区,通常以高层建筑的形式出现。近二十年,尤其是近十年内我国建设了大量的保障性住房,为中低收入者提供了生活保障。但是,随着经济社会的发展,我国将全面实现小康社会,保障性住房的需求量将大大减少,届时,现存的保障性住房将何去何从?目前我国绝大多数的保障性住房设计,都刻意压低了居住品质,且缺乏可改造性。可以预见,完全以保障性住房作为标准来进行的建筑设计,在未来将很快被抛弃,届时这些巨大的钢筋混凝土建筑只能被爆破拆除,不仅会造成环境污染,更会带来巨大的社会资源浪费。

因此,在国家"十二五"科技支撑计划的支持下,本书拟探索符合时代发展潮流的高层保障性住房设计,使其既符合当前保障性住房设计标准,同时让空间具备可变性,实现可持续发展。

### 4.1.2 工业化建筑策划

该项目是位于江苏某地区的保障性住房设计,项目100 km范围内有成熟的钢筋商品化加工基地,因此拟采用第2章所述三级装配建造方式,以节约成本。项目地处新区,周边空地较大,预留的二期用地可以作为工地工厂等使用。

　　该高层居住建筑,按地震烈度 7 度标准进行抗震设防,拟采用剪力墙结构,通过 L 形、T 形和 H 形的剪力墙进行大概的结构估算后,结合建筑设计归并剪力墙种类。剪力墙采用三级装配技术。梁采用普通矩形梁,其钢筋笼为工厂预制。考虑到未来居住建筑的变化模数较小,楼板采用密肋轴线为 600 mm 的密肋大板。外围护体采用预制混凝土大板,提高预制率。

　　总平面,除常规建筑设计外,还需要考虑施工组织,图 4-1、图 4-2 和图 4-3,

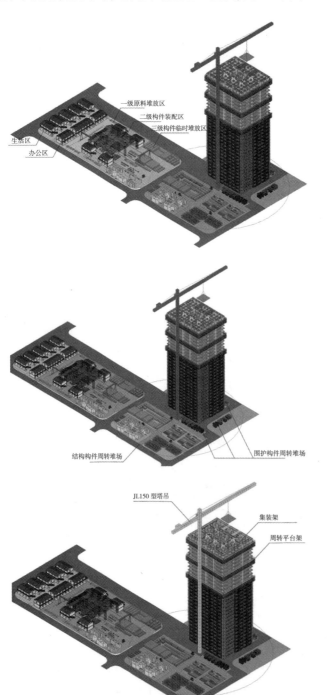

**图4-1　高层保障性住房工地工厂区域示意图**

图片来源:刘聪绘制

**图4-2　高层保障性住房预制构件堆场区域示意图**

图片来源:刘聪绘制

**图4-3　高层保障性住房施工区域示意图**

图片来源:刘聪绘制

分别是其工地工厂区域、预制构件堆场区域和施工区域示意图。建筑标准层平面面积为 1 160 m²，工地工厂和预制构件堆场所需面积约 3 000 m²。因标准层平面较小，一个 JL150 型塔吊即可满足施工要求。

### 4.1.3　工业化建筑结构体设计

#### 4.1.3.1　平面设计

根据户型尺寸和楼板跨度综合考虑，本方案将轴线定为简单的 8.4 m × 8.4 m 方形规则柱网，在核心筒处可稍作变化。根据剪力墙装配式刚性钢筋笼的设计要点，本方案尽量采取规格较为简单的 L 形、T 形和 H 形剪力墙，在截面尺寸大体符合结构计算要求后，进行剪力墙种类的归并，最终如图 4–4 所示，每个标准层仅含有 3 种 L 形剪力墙、2 种 T 形剪力墙和 1 种 H 形剪力墙，即每个标准层仅有 6 种剪力墙规格。考虑到该建筑共 31 层，其结构体必然上小下大，故将 16 层以上剪力墙厚度设置为 200 mm，15 层及以下剪力墙厚度设置为 250 mm，其中 1 至 5 层为加强层，尽管与 6 至 15 层外观剪力墙尺寸相同，但配筋要更多。综上，该 31 层的保障性住房的竖向结构剪力墙构件仅有 18 种。

如图 4–5 所示，是结构体设计完成后，在大空间的基础上进行具体的保障性住房建筑平面设计。目前是将一个 8.4 m × 8.4 m 柱网划分为两户，可以预见，随着时间的推移，该建筑平面可以较为方便地被改造为酒店式公寓、办公等多样化功能，其内部最长可提供大于 30 m 长的连续大空间，可以满足几乎所有的常见功能的空间需要。因此，该方案的平面具备可改造性，符合社会的可持续发展要求。

以该方案的剪力墙为例，对其刚性钢筋笼构件进行统计。

建筑的每个标准层的剪力墙种类共 6 种，每个剪力墙都由边缘约束构件

**图4-4　高层保障性住房结构体平面图（左）**
图片来源：笔者自绘

**图4-5　高层保障性住房平面图（右）**
图片来源：笔者自绘

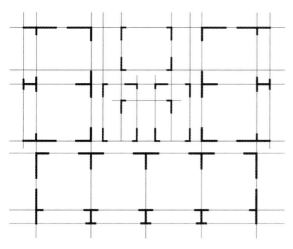

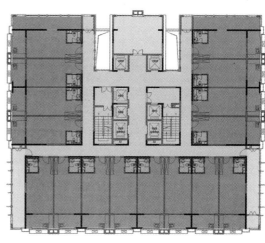

经济技术指标：
标准层面积：1 160 m²
层数：31
高度：99.60 m
得房率：82%

和钢筋网片构成。通常情况下，每个剪力墙都包含有两到三个不同的边缘约束构件。在本方案中，为了实现钢筋笼的预制，对边缘约束构件进行了归并，如图4-6所示，16至31层标准层平面的剪力墙边缘约束构件仅有9种。其余两个标准层平面也可以进行类推。

在项目中，将1至5层的剪力墙分别编号为JG-1-1，JG-2-1，JG-3-1，JG-4-1，JG-5-1，JG-6-1，将6至15层的剪力墙分别编号为JG-1-2，JG-2-2，JG-3-2，JG-4-2，JG-5-2，JG-6-2，将16至31层的剪力墙分别编号为JG-1-3，JG-2-3，JG-3-3，JG-4-3，JG-5-3，JG-6-3，并对其相应的边缘约束构件进行归并和编号整理，可以得到表4-1。从中可以发现，尽管整个建筑共有18种剪力墙构件，但是构成它们的边缘约束构件却只有19种，如表4-2所示。这意味着，工厂生产的边缘约束构件的钢筋笼型号只有19种，工业化生产的效率极高。

以上仅是本方案中对剪力墙刚性钢筋笼的研究。在本方案中，梁和楼板同样也在建筑设计和装配建造之间取得了协调。梁构件截面配筋形式仅有12种，楼板的种类也较少。

综上，本方案的结构体设计基于刚性钢筋笼的原则，通过建筑设计进一

图4-6 高层保障性住房16至31层标准层剪力墙边缘约束构件归并图

图片来源：笔者自绘

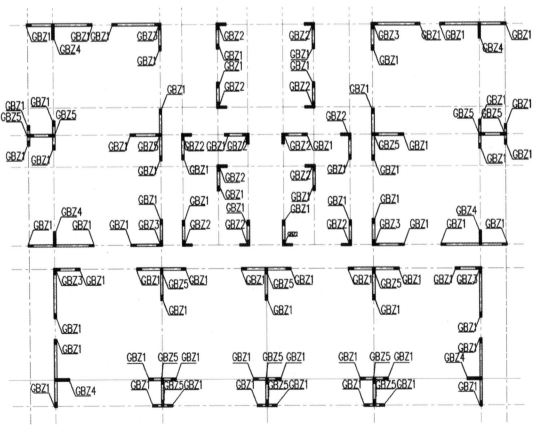

步减少和优化了钢筋笼的类型，为工业化生产和建造打下了良好的基础。

表4-1 高层保障性住房剪力墙构件统计表

| 剪力墙编号 | 数量 | 圈柱 | 个数 | 数量统计 |
|---|---|---|---|---|
| JG-1-1 | 4×14=56 | YBZ1 | 1 | 56 |
| | | YBZ2 | 1 | 56 |
| JG-2-1 | 4×4=16 | YBZ3 | 1 | 16 |
| | | YBZ4 | 1 | 16 |
| | | YBZ6 | 1 | 16 |
| JG-3-1 | 4×2=8 | YBZ3 | 2 | 16 |
| | | YBZ6 | 1 | 8 |
| JG-4-1 | 4×6=24 | YBZ5 | 2 | 48 |
| | | YBZ7 | 1 | 24 |
| JG-5-1 | 4×5=20 | YBZ3 | 1 | 20 |
| | | YBZ4 | 2 | 40 |
| | | YBZ8 | 1 | 20 |
| JG-6-1 | 4×5=20 | YBZ9 | 1 | 20 |
| | | YBZ10 | 1 | 20 |
| JG-1-2 | 11×14=154 | GBZ1 | 1 | 154 |
| | | GBZ2 | 1 | 154 |
| JG-2-2 | 11×4=44 | GBZ3 | 2 | 88 |
| | | GBZ4 | 1 | 44 |
| JG-3-2 | 11×2=22 | GBZ3 | 2 | 44 |
| | | GBZ4 | 1 | 22 |
| JG-4-2 | 11×6=66 | GBZ3 | 2 | 132 |
| | | GBZ5 | 1 | 66 |
| JG-5-2 | 11×5=55 | GBZ3 | 3 | 165 |
| | | GBZ6 | 1 | 55 |
| JG-6-2 | 11×5=55 | GBZ3 | 4 | 220 |
| | | GBZ6 | 2 | 110 |
| JG-1-3 | 16×14=224 | GBZ1 | 1 | 224 |
| | | GBZ2 | 1 | 224 |
| JG-2-3 | 16×4=64 | GBZ1 | 2 | 128 |
| | | GBZ7 | 1 | 64 |
| JG-3-3 | 16×2=32 | GBZ1 | 2 | 64 |
| | | GBZ7 | 1 | 32 |
| JG-4-3 | 16×6=96 | GBZ1 | 2 | 192 |
| | | GBZ8 | 1 | 96 |
| JG-5-3 | 16×5=80 | GBZ1 | 3 | 240 |
| | | GBZ9 | 1 | 80 |

表4-2 高层保障性住房剪力墙一级工厂构件统计表

| 编号 | 数量 | 示意图 | 编号 | 数量 | 示意图 |
|------|------|--------|------|------|--------|
| YBZ1 | 56 | | GBZ1 | 1322 | |
| YBZ2 | 56 | | GBZ2 | 378 | |
| YBZ3 | 52 | | GBZ3 | 649 | |
| YBZ4 | 56 | | GBZ4 | 66 | |
| YBZ5 | 48 | | GBZ5 | 66 | |

续表

| 编号 | 数量 | 示意图 | 编号 | 数量 | 示意图 |
|---|---|---|---|---|---|
| YBZ6 | 24 | | GBZ6 | 165 | |
| YBZ7 | 24 | | GBZ7 | 96 | |
| YBZ8 | 20 | | GBZ8 | 96 | |
| YBZ9 | 20 | | GBZ9 | 240 | |
| YBZ10 | 20 | | | | |

| JG-6-3 | 16×5=80 | GBZ1 | 4 | 320 |
|---|---|---|---|---|
| | | GBZ9 | 2 | 160 |

#### 4.1.3.2 剖面设计

图 4-7 是该高层保障性住房的剖面设计，该剖面较为规整，楼层之间不产生变化，符合建筑工业化建造的原则。

通常情况下，住宅建筑的卫生间会采取降板设计，对建筑工业化的梁和楼板设计都会产生不利影响。在本设计中，采用 120 mm 厚架空地板，与科逸卫浴的整体卫生间地板厚度相同，实现同层排水，管道设备等都在户内解决，而不像传统住宅设计中卫生间管道部分位于楼下住户户内，可避免邻里纠纷。更重要的是，通过构件的独立实现了可维修、可改造。

## 4.1.4 工业化建筑外围护体设计

该项目的外围护构件采用预制装配式混凝土板、预制装配式烟道板和预制装配式管道板组合的形式，在装配时先吊装较重的混凝土板，再通过相对较轻的集成烟道板和集成管道板控制公差，可以较好地解决装配时的精度问题。

外围护体通过外悬挂的方式形成整体，将结构体和内分隔体完全包裹其中，如图 4-8 所示，混凝土预制板通过点式节点与结构体相连，平面和剖面上围护体将室外与室内完全分隔。

## 4.1.5 工业化建筑内分隔体设计

该项目的内分隔体采用石膏空心砌块，该材料强度适中，密度较小，保温、隔热、防火、隔声等效果较好，并且材料可回收利用，绿色环保。石膏砌块体系的生产与施工工艺都较为简单，但由于手工操作较多，使得工期会相对延长。石膏砌块隔墙在施工中，为了找平和防潮，一般会在底层垫两皮砖后再向上砌筑，砌筑时应尽量保证砌块的完整性，砌块上下层一般错落排布，需要根据砌块的大小合理安排门洞和窗洞的位置，对于门洞和窗洞上方的砌块，需要设计过梁以保证结构的稳定性。过梁等施工烦琐，应尽量避免，所以一般在砌块隔墙中，

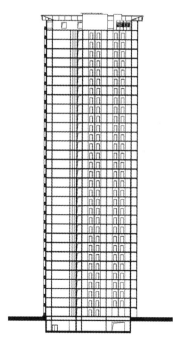

图4-7 高层保障性住房剖面示意图
图片来源：笔者自绘

图4-8 高层保障性住房外围护体剖面
图片来源：段伟文绘制

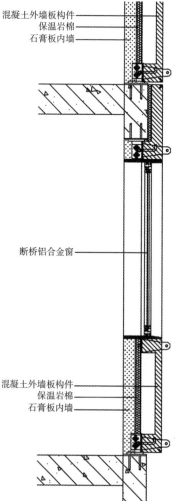

混凝土外墙板构件
保温岩棉
石膏板内墙

断桥铝合金窗

混凝土外墙板构件
保温岩棉
石膏板内墙

窗洞会直接设计到梁底。对于过长的墙面，还需要每隔一段距离设置构造柱来加强砌块墙体的整体性。总体而言，砌块体系较为绿色环保，且灵活方便，我国已形成了完备的生产线与施工体系。市场的认同、国家政策的支持，都使得其成为重要的内分隔构件材料。

### 4.1.6　设计总结

该方案较好地体现了基于装配式刚性钢筋笼的工业化建筑设计。首先，该方案分析了保障性住房这一功能类型的现状，提出保障性住房在未来应具备可改造性，因此采用了大空间的原则来进行建筑设计。其次，在设计过程中，基于刚性钢筋笼的生产装配原则，对剪力墙进行了梳理和归并，利用较少的钢筋笼构件，实现了复杂结构体构件的预制装配（表4-3）。最后，外围护体和内分隔体也都符合建筑工业化的原理。如图4-9所示，该高层保障性住房的效果相对较好，符合建筑工业化的特征。

表4-3　装配式混凝土剪力墙结构体系装配率计算统计表

| 技术配置选项 | | 装配部分面积（数量）/$m^2$ | 对应部分总面积（数量）/$m^2$ | 比值 | 权重 |
|---|---|---|---|---|---|
| 竖向结构构件 | 预制组合成型钢筋构件类剪力墙 | 0.00 | 34 121.39 | 0.00% | 0.3 |
| | 合计 | 0.00 | 34 121.39 | | |
| 水平结构构件 | 预制组合成型钢筋类构件梁 | 0.00 | 2 567.363 | 92.22% | 0.2 |
| | 预制组合成型钢筋类构件板 | 32 354.08 | 32 354.08 | | |
| | 预制楼梯梯段板 | 569.16 | 778.72 | | |
| | 合计 | 32 923.24 | 35 700.163 | | |
| 装配式外墙围护构件 | 预制混凝土外墙板 | 7 208.96 | 7 208.96 | 100.00% | 0.25 |
| 装配式内墙围护构件 | 石膏砌块内隔墙 | 43 041.64 | 43 041.64 | | |
| | 合计 | 50 250.6 | 50 250.6 | | |

**图4-9　高层保障性住房效果图**
图片来源：工作室项目组

| 装配式建筑部品 | 集成式厨房 | 0.00 | 3 819.2 | 0.00% | 0.25 |
|---|---|---|---|---|---|
| | 集成式卫浴 | 0.00 | 1 651.68 | | |
| | 预制管道井 | 0.00 | 187.55 | | |
| | 预制排烟道 | 0.00 | 216.38 | | |
| 合计 | | 0.00 | 5 874.81 | | |
| 装配率 | | 43.44% | | | |

## 4.2 南京市江北新区科创园公共服务中心设计

### 4.2.1 项目背景

2015 年 6 月,国务院正式批复同意设立南京江北新区。江北新区成为江苏省首个国家级新区。南京海峡两岸科技工业园作为南京江北新区重要的产业功能板块之一,在国家"大众创业,万众创新"战略下,未来将发展成为"江北新区南部科创产业园区、老山南麓生态低碳科技社区"。

南京海峡两岸科技工业园创谷设计研发中心,嵌入园区绿肺——兰溪公园北片区内。项目用地位于光明路以西,礼泉路以东,毗邻南京审计学院,用地面积约 6.93 hm²,总建筑面积约 15 m²。

公共服务中心地块紧邻兰溪公园入口,西北毗邻礼泉路与玉山路交叉口,是兰溪公园与两岸南京海峡两岸科技工业园的连接枢纽,具有较高的开放性和公共性,是创谷设计研发中心的门户与标志性建筑,对兰溪公园起到统领作用。公共服务中心,在融于山水景观的同时具备一定的标识性,既服务于内部研发办公,同时服务于兰溪公园。在功能策划上,主要包括服务于兰溪公园的商业配套功能和旅游配套功能,服务于整体创谷设计研发中心的会议中心和展示中心,以及内部办公与科研办公。

### 4.2.2 工业化建筑策划

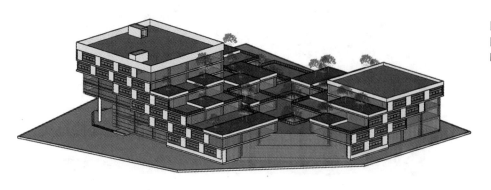

图4-10 南京市江北新区科创园公共服务中心设计图
图片来源:工作室项目组

本项目建筑用地 11 100 m²，建筑面积 26 000 m²，其中地上建筑面积 18 000 m²，地下建筑面积 8 000 m²。建筑限高 24 m，拟用框架结构。

如图 4-10 所示，该方案的建筑形体一分为二，中间的城市通廊将形体分为一大一小两个部分，并在一层进行联系。两个建筑形体层层退台呈堆山之势，合二为一似峡谷之态，与北部的老山形态遥相呼应。建筑形体活泼而富于变化，给人以深刻的印象。建筑面向景观及老山方向形成层层退台，平台上错落布置植被，使建筑与自然景观之间形成自然过渡。层层退台不仅提供了观景和休憩的场所，活跃了园区的办公环境氛围，而且建筑本身的绿化也成了景观的一部分，为建筑和自然环境增添了亮色。建筑形体层层后退犹如自然之山脉，从而使得建筑对自然环境的影响达到最小，形成一幅现代建筑山水画卷。

该方案拟采用刚性钢筋笼装配式建造方式，结构主体中，柱采用标准钢筋笼柱以提高预制率，梁采用 T 形钢筋笼梁，减小梁净高并简化梁与楼板的钢筋搭接，楼板采用井格为 1 200 mm × 1 200 mm 的大跨度密肋楼盖。

因该地区周边无预制构件厂，拟采用游牧式预制方式。用地地处江北新区，周边具备建设游牧式预制构件生产基地的条件。将钢筋加工设备运输至基地，即可迅速展开生产。工程结束后，设备将转移到其他地区，大大节约了建筑构件的运输费用。

### 4.2.3 工业化建筑结构体设计

#### 4.2.3.1 平面设计

该项目内功能策划较为复杂，且日后进行改造的需求较大，如何实现建筑的永续使用，不因建筑空间的限制而过早废弃，是建筑节能减排的一个重要问题。本方案根据大空间的设计原则，考虑未来作为各种使用空间的可能性，创造了不同层高以适应不同的功能。建筑平面上采用 8.4 m × 8.4 m 的标准柱网，建筑内部空间除柱、梁、板等结构构件外，不做其他多余构件，实现了大空间的通用性，给业主以发挥创意、自主创新的机会，业态分布上更加灵活，功能布局上更加多样。

如表 4-4 所示，建筑结构体构件种类较少，标准柱根据两种层高共设两种尺寸，共 346 根；所有的梁实现外观规格一致，共 884 根；楼板，除去楼梯间掏洞产生的异形外，主要是 8.4 m × 8.4 m 的标准密肋大板，共计 236 块。建筑面积为 26 000 m² 的建筑，其结构构件种类主要的仅 4 种，适用于建筑工业化建造。

如图 4-11 至图 4-16，是建筑的各层平面图。建筑功能主要分为四部分：

地下一层为地下停车与设备用房；一层餐饮配套、旅游配套及商业配套功能；西南侧建筑二至五层为研发办公中心、内部办公及休闲餐饮功能；东北侧二层为展示中心，三层四层为会议中心。可以看到，在标准柱网的前提下，通过密肋楼板的密肋间距作为模数控制内分隔体，如较宽的走道轴线尺寸定为3 600 mm，较窄的走道轴线尺寸定为2 400 mm，基本实现了自由平面，实现了空间的可变化，这都得益于大空间的设计原则。

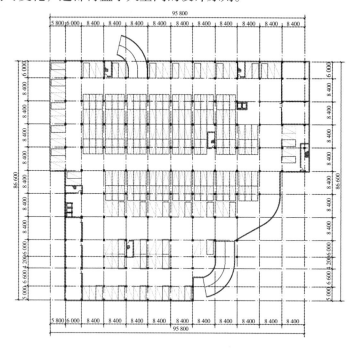

图4-11 负一层平面图
图片来源：工作室项目组

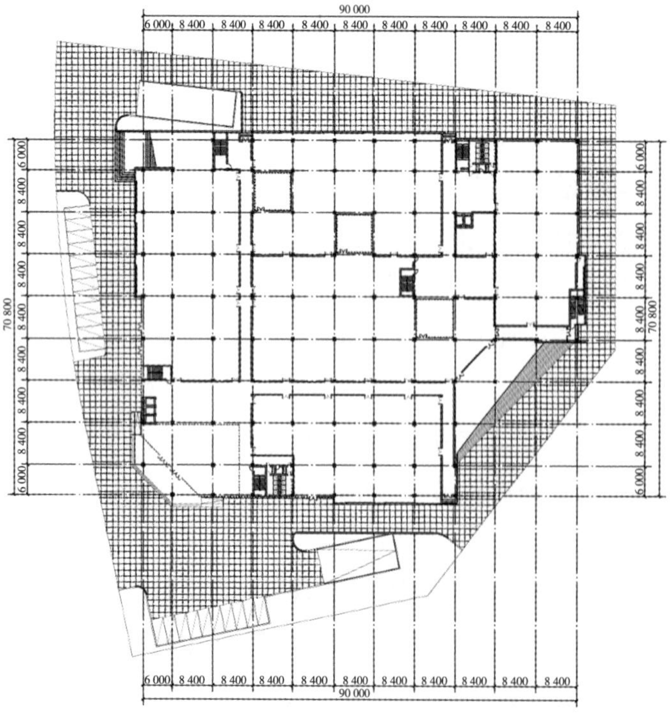

图4-12 一层平面图
图片来源：工作室项目组

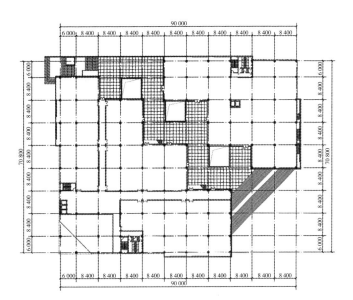

图4-13　二层平面图
图片来源：工作室项目组

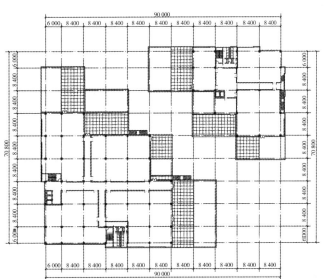

图4-14　三层平面图
图片来源：工作室项目组

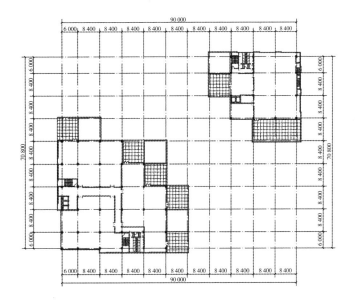

图4-15　四层平面图
图片来源：工作室项目组

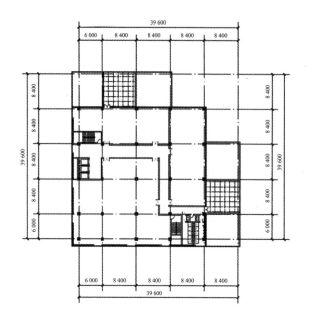

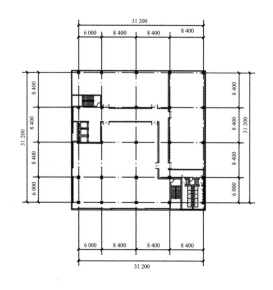

图4-16 五层、六层平面图
图片来源：工作室项目组

表4-4 结构构件数量统计

| 一级类别 | 二级类别 | 尺寸类型（单位：mm） | 数量 |
|---|---|---|---|
| 水平结构构件 | 梁 | 300×500×8 400 | 884 |
| | 板 | 8 400×8 400×250 | 236 |
| 竖向结构构件 | 柱 | 600×600×4 600 | 91 |
| | | 600×600×3 400 | 255 |

### 4.2.3.2 剖面设计

如图4-17和图4-18，是建筑的剖面图。首先，建筑的剖面层高仅有两种，

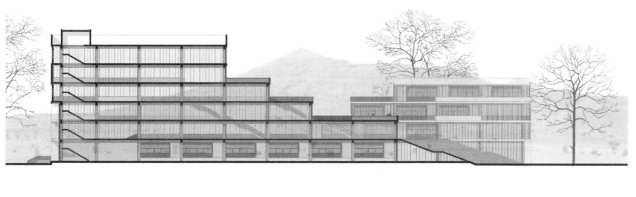

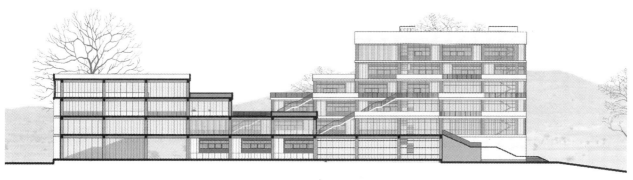

**图4-17**　剖面图（上）
**图4-18**　剖面图（中）
**图4-19**　效果图（下）
图片来源：图4-17~图4-19来自工作室
项目组

这在创造多种使用空间的同时，确保柱的种类只有两种，不出现非标准构件。其次，在剖面中同样可以发现柱网间距始终保持 8.4 m，这使得梁和楼板都只有一种平面尺寸。最后，建筑工业化不仅仅是拘谨的方盒子建筑，通过本方案可以看到，该设计通过剖面上的整个柱网的变化，产生了丰富的、亲近的、宜人的空间效果。如图 4-19 所示，该方案最终呈现出一般工业化建筑无法达到的活泼效果。由此可见，通过整数倍柱网的变化，不仅不影响建筑工业化的建造模式和建筑构件拆解，而且通过适当的建筑设计方案还可以使建筑空间和形式具有多样性。

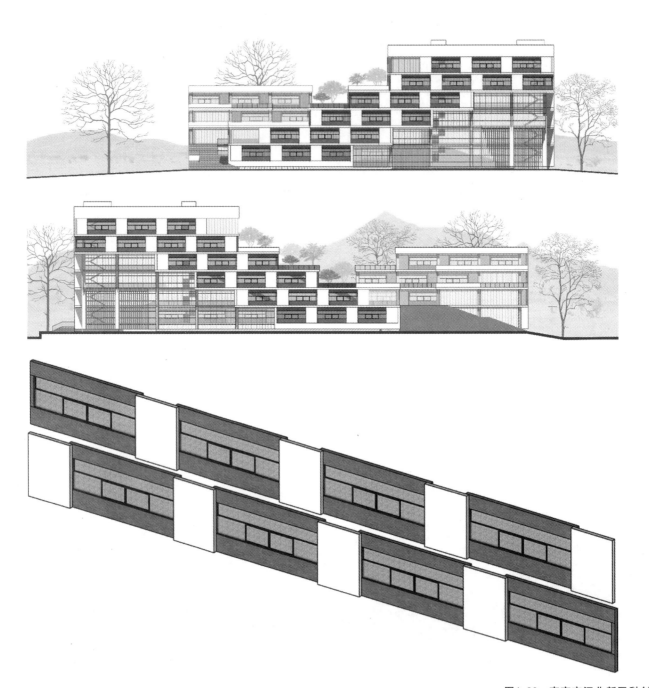

图4-20　南京市江北新区科创
园公共服务中心西立面(上)
图4-21　南京市江北新区科创
园公共服务中心南立面(中)
图4-22　南京市江北新区科创
园公共服务中心立面预制混凝土
板组合(下)
图片来源:图4-20~图4-22来自工作室
项目组

## 4.2.4　工业化建筑外围护体设计

如图 4-20 和图 4-21 所示,该建筑的外围护结构分为重型外挂混凝土预
制墙板和玻璃幕墙。

该方案定位于公共服务中心,需要通过一定的玻璃幕墙设计彰显其公共
建筑的特性。但是该建筑的主体立面依然是采用悬挑的外挂预制混凝土板的
形式,如图 4-22 所示,通过错落的混凝土板连接为整体的外围护系统,将结
构体等完全包裹在内,实现较好的围护效果。

### 4.2.5　设计总结

该方案是多层的框架结构，需要在预制装配的严谨和公共建筑的活泼之间取得平衡，本方案通过标准柱网实现大空间以应对功能的多样性，通过剖面上整数倍柱网的形体变化产生丰富的形体，既符合公共建筑的形象，又符合工业化建造原理。

如表 4-5 所示，该建筑由于遵守了上述设计原则，经计算，预制装配率高达 69.07%。

表4-5　南京市江北新区科创园公共服务中心预制装配率计算表

| 技术配置选项 | 项目实施情况 | 体积或面积 | 对应部分总体积或面积 | 权重 | 比值 |
|---|---|---|---|---|---|
| 主体结构和外围护结构预制构件 | 预制柱 | 0 | 312.12 | | |
| | 预制梁 | 0 | 740.88 | | |
| | 预制叠合板 | 0 | 0 | | |
| | 预制密肋空心楼板 | 3 330.432 | 3 330.432 | | |
| | 预制阳台板 | 0 | 0 | | |
| | 预制空调板 | 0 | 0 | | |
| | 预制楼梯板 | 8.892 | 8.892 | | |
| | 混凝土外挂墙板 | 242.688 | 242.688 | | |
| | 预制女儿墙 | 63.232 | 63.232 | | |
| 合计 | | 3 645.244 | 4 698.244 | 0.5 | 0.775 |
| 装配式内外围护构件 | 单元式幕墙 | 614.4 | 2 202.88 | | |
| | 蒸压轻质加气混凝土墙板 | 0 | 0 | | |
| | GRC 板 | 0 | 0 | | |
| | 玻璃隔断 | 0 | 0 | | |
| | 木隔断墙 | 0 | 0 | | |
| | 轻钢龙骨石膏板隔墙 | 2 849.28 | 2 849.28 | | |
| | 蒸压轻质加气混凝土墙板 | 0 | 0 | | |
| | 钢筋陶粒混凝土轻质墙板 | 0 | 0 | | |
| 合计 | | 3 463.68 | 5 052.16 | 0.3 | 0.68 |
| 内装建筑部品 | 集成式厨房 | 0 | 0 | | |
| | 集成式卫生间 | 0 | 217.8 | | |
| | 装配式吊顶 | 17 726.9 | 17 726.9 | | |
| | 楼地面干式铺装 | 0 | 17 726.9 | | |
| | 装配式墙板（带饰面） | 0 | 0 | | |
| | 装配式栏杆 | 0 | 0 | | |
| 合计 | | 17 726.9 | 35 671.6 | 0.2 | 0.496 |

| | 标准化、模块化、集约化设计 | | 1% | | |
|---|---|---|---|---|---|
| 创新加分项 | 标准化门窗 | | 0.50% | | |
| | 设备管线与结构相分离 | | 0.50% | | |
| | 绿色建筑技术集成应用 | 绿色建筑二星 | | | |
| | | 绿色建筑三星 | 1% | | |
| | 被动式超低能耗技术集成应用 | | 0.50% | | |
| | 隔震减震技术集成应用 | | 0 | | |
| | 以 BIM 为核心的信息化技术集成应用 | | 1% | | |
| | 工业化施工技术集成应用 | | | | |
| | 组合成型钢筋制品 | | 0.50% | | |
| | 工地预制围墙（道路板） | | | | |
| 合计 | | | 5% | | |
| 预制装配率 | 38.75%+20.4%+9.92%=69.07% | | | | |

## 4.3　本章小结

本章主要介绍了两个不同结构体系的建筑工程的工业化设计。

高层保障性住房，是剪力墙结构。该设计主要通过剪力墙刚性钢筋笼的优化，指导建筑设计的生成，最终呈现出理性的设计结果。

南京市江北新区科创园公共服务中心是框架结构。该方案以建筑设计优先，在符合装配式刚性钢筋笼工法的前提下先设定基本设计理念，再选用匹配的刚性钢筋笼建造工艺，最终呈现出既理性又活泼的设计结果。

综上所述，本章通过两个具有代表性的建筑工程设计实践，进一步验证了基于装配式刚性钢筋笼的工业化建筑设计方法。

# 第5章　总结与展望

## 5.1　归纳总结

本研究完成的主要工作如下：通过分析国内外的建筑工业化发展趋势，结合国内建筑产业具体形势，即国内的商品混凝土系统发展完备并且现浇技术成熟，希望综合预制和现浇两种工法的优点，并结合机械化大生产的趋势，以装配式刚性钢筋笼作为技术起点，试图提出一种将钢筋混凝土建筑的钢筋部分在工厂预制、混凝土部分在现场现浇的新型建筑工业化模式，并在符合我国现有钢筋混凝土规范的前提下，研究刚性钢筋笼机械化制造原理，以此推演出适应上述模式的工业化建筑设计原则。该研究具有以下几点重要意义：

（1）提供研究钢筋混凝土建筑的新角度；

（2）为建筑模数提供真实的构造依据；

（3）探索符合我国国情的建筑工业化发展之路。

### 5.1.1　提供研究钢筋混凝土建筑的新角度

我国乃至整个世界范围内的钢筋混凝土建筑工业化技术研究，基本都是按照"工厂工业化"的模式进行的，研究的重心偏向于连接，即如何将预制构件安全可靠地连接为整体。而本研究不局限于钢筋的连接，而是从钢筋的生产、装配、连接等出发，在符合我国现有规范的前提下进行机械化生产制造研究，利用现浇工法使得建筑构件连接成为整体，为钢筋混凝土建筑的工业化之路提供了新的研究角度。

### 5.1.2　为建筑模数提供真实的构造依据

我国曾于 2013 年颁布《建筑模数协调标准》，于 2014 年正式实施。与建筑模数相关的研究也屡见不鲜，然而在工程应用中，模数的现实意义较小。笔者认为，现行模数标准不能有效推行的一个重要原因，是其仅具备抽象意义上尺度的概念，却不具备与建筑实体直接相关的建造联系。在本研究中，建筑实体是由装配式刚性钢筋笼现浇混凝土而成，因此可以通过钢筋对模数进行具体的限定，从而使模数兼具尺度和构造的意义，既可以为建筑设计提供依据，也可以为实际建造提供依据。

### 5.1.3 探索符合我国国情的建筑工业化发展之路

该研究基于我国当前建筑国情，主要体现在以下两个方面：一是与我国成熟的商品混凝土体系有机结合起来，有效优化资源配置，降低建筑施工成本；二是与我国已实施多年的建筑规范相吻合，尤其是钢筋部分与现行规范完全一致，建筑工程质量安全可靠。"工厂工业化"的整体装配式钢筋混凝土建筑，与我国发达的商品混凝土体系相违背，相应的建筑结构规范尚未健全，且尚未经过时间的检验。基于此，本研究符合我国国情。

## 5.2 前景展望

由于笔者的水平有限，加之时间、经验等不足，本研究仅仅是从装配式刚性钢筋笼出发，推演出一套相对简易可行的建筑设计方法。但正如绪论中所言，建筑工业化是整个社会全面进步的结果，只有建筑的相关产业都发展成熟，才能真正发展出一套完整的工业化体系。本研究依然有诸多不周之处，从当前的研究来看，后续的研究可以在以下三方面拓展：

（1）建筑构件生产系统；

（2）建筑装配建造系统；

（3）建筑设计生成系统。

### 5.2.1 建筑构件生产系统

如第2章建筑构件分类原理所述，完整的建筑工业化体系应当涵盖结构体、外围护体、内分隔体、装修体和设备体等各个部分。本研究仅以结构体作为主要研究对象，其余部分研究尚未深入。每一部分都有其特定的生产系统，可以通过研究其生产方式逐步推进建筑工业化。通过合适的方式将各个系统整合起来，形成完整的产业链，是最终实现建筑工业化的必经之路。建筑构件生产系统，是建筑工业化的基础。生产方式需要进一步实现机械化、工业化、智能化，因此，建筑构件生产系统有待于更深入、更系统地进一步研究。

### 5.2.2 建筑装配建造系统

建筑构件进行机械化、工业化生产后，需要进行装配建造才能最终组成可以使用的建筑。装配建造与构件生产是相辅相成的，构件生产时需要考虑到装配建造的合理性，装配建造过程中的问题又促进生产方式的进步。如前文所提出的三级装配技术，其与构件的生产、制作和装配是密不可分的。本书对构件本身的装配进行了一定的研究，但是建筑构件的装配还需要支撑架等辅助设备，在文中未做具体探讨。更细致的建筑装配建造系统的研究，有利于将基于装配式刚性钢筋笼的建筑设计方法进一步优化与落实。

### 5.2.3　建筑设计生成系统

本研究的思路是通过研究钢筋混凝土建筑的钢筋部分，推演出相应的基本建筑设计原则。但是这并不意味着每一次建筑设计都始于钢筋，再到设计，终到整体。本研究旨在建立合乎装配式刚性钢筋笼生产方式的建筑设计原则。当建筑设计符合这些原则时，即可通过书中所述技术实现工业化装配建造。进一步考虑建筑设计生成，如果设定符合一定规则的建筑设计尺寸后，计算机可直接生成相应的结构系统，即刚性钢筋笼群组。更进一步，当建立起一定的构件库后，计算机将会优先选用已有的生产线或者生产机构。综上所述，本研究的最终目标，应当是建立起一个基于刚性钢筋笼的建筑设计生成系统，当在一定的规则下进行建筑的数值输入后，相应的刚性钢筋笼模型即可同步完成，并且计算机可直接生成建筑构件生产图纸和装配流程。

# 下 篇
## 新型工业化建造协同模式

本篇作者　石刘睿恬

# 第6章 建筑工程协同的背景研究

## 6.1 研究背景

### 6.1.1 建筑工程的协同现状

建筑工程协同是指在一定的环境的支持下，各个协作成员围绕一个建筑项目，承担相应的部分工序，并行交互地进行各项工作，最后得到符合使用者要求的成果。

在建筑设计问题日益复杂的今天，建筑行业仍广泛采用传统的"流水线"式的运作模式，即参与项目的各方好像在一条流水线上，各自分工并互不干扰地完成设计和建造工序。这种"流水线"模式给实际工程带来了大量问题。例如，设计时不能充分考虑建造和运维的需求；进入实际建造环节后，又常常出现设计冲突和建造碰撞，发生设计变更，进而导致加工厂商和建造现场的待工待料，影响工程的进度和质量，造成资源上的浪费等。据统计，全球建筑行业普遍存在生产效率低下问题，其中30%的建造过程需要返工，60%的劳动力被浪费，10%的损失来自材料的浪费。这些效率问题都造成了建筑行业巨大的资金、资源浪费。

这些问题的本质是各阶段、各参与方之间的割裂，因此迫切需要有一种新的协同模式来整合各方技术、资源和人力，从而减少浪费，规避问题。

### 6.1.2 BIM 的应用现状及障碍

为了搭建一个建筑工程协同平台，美国佐治亚理工学院（Georgia Institute of Technology）建筑与计算机专业的查克·伊斯曼（Chuck Eastman）博士于30年前提出了"建筑信息模型"（BIM，Building Information Modeling）思想，并将其定义为"集成了所有的几何模型信息、功能要求和构件性能，将一个建筑项目整个生命周期内的所有信息整合到一个单独的建筑模型中，而且还包括建造进度、建造过程、运维管理过程等信息"。

随后，各类 BIM 软件的出现，从技术上实现了对建筑全生命周期的信息集成。BIM 技术已经成为建筑工程协同的重要工具，也是协同的技术保障。在政府的大力提倡下，BIM 技术的应用越来越广泛，一些城市为了推动协同，甚至出台了强制性政策，例如上海发布《BIM 技术应用与发展白皮书》，规定"2016 年，各类应用 BIM 技术项目数量要达到 260 个以上"。

然而，BIM 的作用却被过高地估计，人们错误地认为，使用了 BIM 软件就可以实现协同，而实际上 BIM 技术只是协同的工具，并不等于协同本身。因此，仅仅通过 BIM 技术的应用是无法从根本上实现协同的。

真实的状况也印证了这一点，在国内现阶段的大多数建设项目中，BIM 是由业主方和施工方，而不是由设计方推动的。在设计阶段，设计方仍然使用传统方法进行设计，只是在做完方案之后，将三维模型翻成建筑 BIM 模型，用以检查碰撞和进行结构分析等；在施工阶段，施工单位又另做一个施工 BIM 模型，用以进行施工管理；到了运维阶段，有的业主还会再做一个运维 BIM 模型，用以反映建筑的最终状态，方便运维管理。虽然参与建筑工程项目的各方使用了同样的协同工具，但都只是在各方内部进行协同，各方之间却并没有因此而真正协同起来。究其原因，是因为设计方、施工方、运维方没有就 BIM 模型应该涵盖哪些信息进行过沟通，所以 BIM 模型的作用就只局限在参与方内部，而无法充分发挥其作为构件信息集成工具的作用。

由此可见，要从根本上提高协同的质量，仅靠协同工具的改变是做不到的，还需要有模式和方法作为指导。建筑工程协同，如果仅依靠 BIM 技术作为工具，而缺少能贯穿建筑工程从设计、建造到运维各个阶段的，涵盖建筑工程系统中所有要素的协同模式和方法作为指导，即使 BIM 技术广泛应用，也难以发挥其应有的作用。

## 6.2 相关概念界定

本篇的研究对象是一种"基于构件的建筑工程协同模式"。

其中，"建筑工程"是建筑从前期的策划、设计到建造，到竣工后的运维保养和回收再利用的全生命周期中的各项任务。

"协同"是指协调两个或者两个以上的不同资源或者个体，协同一致地完成某一目标的过程或能力。

"协同模式"是协同系统运行的标准样式。

"建筑工程协同模式"是建筑工程的各阶段中，各参与方共同工作的标准样式。

"构件"是"系统中实际存在的可更换部分","建筑构件"是建筑的基本组成部分，理论上说，建筑的每一个组成部分（大到一个模块，小到一个螺栓）都是该建筑的一个构件，就像一辆汽车可以逐步细分成很多模块、部件、零件一样。

对于构件的一个通常的误解是，认为只有装配式建筑才有构件，而非装配式建筑没有。其实并非如此，即使是以湿作业为特征的重型建筑也同样存在建筑各组成部分的分解。例如，钢筋混凝土建筑的结构构件又可细分为墙构件、板构件、梁构件、柱构件等。只是对于装配式建筑来讲，构件不仅是建筑的基本组成部分，同时也是建造的基本单元。所以与通常以湿作业为特征的重型建筑相比，以基于预制—组装的干作业为主的轻型建筑，构件之间的交接更为严密，层级也更为清楚。因此，本书以轻型钢结构建筑（"梦想居"和"芦家巷社区活动中心"）为例，是为了更清晰地反映建筑的物质实体与各项建造任务的关系，但并不意味着"基于构件的建筑工程协同模式"是只针对与轻型建筑或装配式建筑的。

## 6.3　国内外研究现状

对"建筑工程协同"的研究有多种切入点，主要的研究方向可以分为三类：一是从协同管理角度切入，通常集中在管理学、工程管理等领域；二是从协同工具角度切入，通常集中在软件工程或建筑工程实践等领域；三是从协同设计角度切入，通常集中在建筑设计领域。

（1）以协同管理为主要方向的研究

苏延莉认为协同应协调工程项目的多目标，寻求工期、成本质量的综合最优[①]；涂婷婷认为协同的本质是接口协同，提出以管理手段进行接口协调[②]；杜静等研究了建筑供应链信息流模型[③]；滕佳颖等研究了基于 BIM 和多方合同的 IPD 协同管理框架[④]。

该研究方向关注于以管理的方法，从合同、供应链、工作流、接口协调、项目决策等方面提高协同效率，然而并不介入具体的设计过程，因此无法从设计前端介入控制，只是在已有方案的基础上进行工程项目管理，也就难以从根本上解决协同问题。

（2）以协同工具为主要方向的研究

自 20 世纪 60 年代，CAD（Computer Aided Design，计算机辅助设计）诞生以来，协同工具与计算机技术的结合日益紧密，Irene Grei 和 Paul Cashman 提出 CSCW（Computer Supported Cooperative Work，计算机支持的协同工作）

① 苏延莉. 基于协同理论的工程项目多目标优化研究[D]. 西安：西安建筑科技大学，2010.
② 涂婷婷. EPC总承包项目的接口管理研究[D]. 武汉：三峡大学，2010.
③ 杜静，仲伟俊，叶少帅. 供应链管理思想在建筑业中的应用研究[J]. 建筑，2004（5）：53–56.
④ 滕佳颖，吴贤国，翟海周，等. 基于BIM和多方合同的IPD协同管理框架[J]. 土木工程与管理学报，2013，30（2）：80–84.

的概念；随后，大量研究者分析了建筑工程协同的特点，并提出工具上的相应解决办法，一般集中在计算机专业领域，如清华大学秦佑国提出的 CIBIS (Computer Intergrated Building Information System, 计算机集成建筑信息系统) 构想，是将协同设计与计算机技术结合的富有远见的探索。另一个重要的研究内容是由 Chuck Eastman 提出的 BIM 思想，这已成为目前国内外对协同研究的主要趋势。美国总务管理局 (General Services Administration, GSA) 于 2003 年推出了国家 3D-4D-BIM 计划，并陆续发布了系列 BIM 指南；2010 年，日本的国土交通省宣布全面推行 BIM 技术；欧洲、韩国也已有多家政府机关致力于 BIM 应用标准的制定，国内也涌现出大量的 BIM 应用案例，如水立方、上海世博会、银川火车站等；实际应用推动了对 BIM 的标准[1]、协同机制[2]、协同流程[3]、BIM 团队应用（Tamera McCuen、Lee Fithian）的研究；除此之外，张建新[4]和何清华等[5]对 BIM 在国内的应用现状及障碍进行了探讨，认为目前 BIM 技术应用的主要障碍在于标准不统一和缺乏一种适宜协同的建筑工程模式来支撑 BIM 的应用。

该研究方向关注建筑工程协同工作的特点，研发适应协同工作特点的协同工具，但一些研究者错误地把协同工具等同于协同本身，导致对协同的片面理解。

（3）以协同设计和协同模式为主要方向的研究

关于协同设计，郭秋华等梳理了协同设计的起源和发展历程[6]；盛铭揭示了信息对于协同的决定性作用，从而说明了信息化技术的重要性[7]；蔡珏通过研究协同学理论，建立了建筑协同设计过程模型[8]；何清华研究了大型复杂工程项目群的协同机制和组织集成，如信息论，控制论、协同学的自组织理论，提出信息在协同模式中的重要地位[9]。该研究方向很明确地得出了各参与方之间的信息沟通对于协同设计起到决定性的作用。

关于协同模式，斯蒂芬·基兰和詹姆斯·廷伯莱克提出将工业制造领域的协同设计和制造模式引入建筑领域，像造汽车一样造房子[10]；高佐人等研究了建筑设计协同工作机制，提出"服从""争夺"和"混合"三种模式[11]；吴吉明等阐述了现有设计院体制下的协同模式[12]，鲁业红等阐述了动态联盟模式的运作机制[13]；牛余琴等阐述了工程总承包的协同模式运作机制[14]。

该研究方向关注于协同的运作机制，认为设计阶段是协同的核心，但一些研究因此就把协同模式与协同设计等同起来，这种理解也是不全面的。

三个主要的研究方向的研究内容、意义和问题如表 6-1 所示。

① 李犁，邓雪原. 基于 BIM 技术建筑信息标准的研究与应用[J]. 四川建筑科学研究，2013，39（4）：395-398.

② 钟炜，姜腾腾. 基于 BIM 的建筑工程项目多利益方协同机制框架研究[J]. 土木建筑工程信息技术，2014，6（5）：95-101.

③ 杨科，车传波，徐鹏，等. 基于 BIM 的多专业协同设计探索系列研究之一：多专业协同设计的目的及工作方法[J]. 四川建筑科学研究，2013，39（2）：394-397.

④ 张建新. 建筑信息模型在我国工程设计行业中应用障碍研究[J]. 工程管理学报，2010，24（4）：387-392.

⑤ 何清华，钱丽丽，段运峰，等. BIM 在国内外应用的现状及障碍研究[J]. 工程管理学报，2012，26（1）：12-16.

⑥ 郭秋华，袁海贝贝. 当代建筑协同设计模式初探[J]. 建筑与文化，2014（1）：91-92.

⑦ 盛铭. 基于信息论的建筑协同设计研究[D]. 上海：同济大学，2007.

⑧ 蔡珏. 建筑协同设计初探[D]. 武汉：华中科技大学，2005.

⑨ 何清华. 大型复杂工程项目群管理协同与组织集成[M]. 北京：科学出版社，2014.

⑩ 基兰，廷伯莱克. 再造建筑：如何用制造业的方法改造建筑业[M]. 何清华，译. 北京：中国建筑工业出版社，2009.

⑪ 高佐人，吴炜煜，房轻舟. 建筑设计协同工作模型设计与实践[J]. 清华大学学报（自然科学版），2004，44（9）：1 244-1 248.

⑫ 吴吉明，王娜. 基于设计院体制的协同模式研究：以利山大厦项目实践为例[J]. 土木建筑工程信息技术，2015，7（4）：1-9.

⑬ 鲁业红，李启明. 建筑企业基于项目的敏捷动态联盟视图模型构建[J]. 现代管理科学，2013（3）：11-14.

⑭ 牛余琴，张凤林. EPC 总承包项目动态联盟利益分配方法研究[J]. 工程建设与设计，2013（12）：160-163.

表6-1 "建筑工程协同"的三个主要研究方向研究现状

| 研究方向 | 主要研究领域 | 主要研究内容 | 研究意义 | 问题 |
|---|---|---|---|---|
| 协同管理 | 管理学、工程管理 | 精益建造、供应链、工作流、合同管理 | 以管理的方法，从合同、供应链、工作流、接口协调、项目决策等方面提高协同效率 | 不介入具体的设计过程，因此无法从设计前端介入控制 |
| 协同工具 | 软件工程、建筑工程实践 | CSCW、BIM、Revit、CIBIS | 剖析建筑工程协同工作的特点，研发适应协同工作特点的协同工具 | 一些研究者错误地把协同工具等同于协同本身，导致对协同的片面理解 |
| 协同设计、协同模式 | 建筑设计 | 协同设计、并行工程、信息、设计过程 | 认为设计阶段是协同的核心，信息在协同设计中起到决定性作用 | 一些研究者未能准确区分"协同设计"和"协同模式" |

通过上述分析，可以从现有研究中得出两个共同结论：一是在协同过程中，信息起到决定性的作用；二是计算机技术与协同模式的结合是现阶段协同研究的发展方向。

同时，现有研究也存在两方面的问题：

一是一些研究未能明确区分"协同工具"与"协同"这两个不同的概念，而简单地将"协同工具"当成了协同本身。如杨超等梳理了协同工具的发展历程，但错误地把协同工具的发展等同于协同模式的发展；又如盛铭认为协同设计是信息时代的专有词，即认为协同就是对网络信息技术的运用。这种认识是比较片面的，这也直接导致对协同工具如CSCW、Revit等的研究多，而对"协同设计""协同模式"的研究少的结果。

二是一些研究未能准确区分"协同设计"与"协同模式"的区别，而简单地把二者等同起来。一些文章对"协同模式"的探讨，实际上阐述的是协同设计方法。协同设计固然是建筑工程协同的核心环节，但协同模式的全部内容显然不只是设计，仅仅关注协同设计的过程和方法，也会使协同模式的研究失之片面。

## 6.4 创新点

本篇有三个创新点：

（1）提出基于构件的建筑工程协同模式

传统的建筑工程协同模式通常是基于工程阶段组织形成的，参与项目的各方只对某一工程阶段负责，因此各方之间的配合较少，不利于协同。基于构件的协同模式以"构件化的产业联盟"为组织形式，各参与方为其所提供的构件全生命周期负责，因此必须参与到建筑工程的全部阶段中来，并通过构件形成协同关系。这种以"构件"为核心，而不是以工程阶段为核心的模式，

75

促进了各参与方的协同。

（2）提出基于构件的协同模式的流程——协同设计、协同建造、协同运维、协同利益分配

本书将协同模式落实到具体的操作层面上，提出了"四个协同"的操作流程，即在协同利益分配的前提下，开展协同设计、协同建造、协同运维活动。各过程围绕"构件信息"展开：设计阶段是对构件信息的集成和调配过程；建造阶段是对构件信息的分类、分级调用过程；运维阶段则是对构件信息的补充和维护的完善过程。协同利益分配贯穿建筑工程的全部阶段，是其他三个协同顺利进行的保障。

（3）提出表格化的建筑工程图纸系统

本书提出，设计阶段的最终成果是表格化的图纸系统——"构件信息卡"和由之嵌套形成的"构件信息表"，是建筑工程信息的集成；建造阶段以由构件信息表提取的"建造图"和"施工组织计划"指导各项工序；运维阶段是对构件信息表和"构件库"信息的维护过程。这套表格化的图纸系统有三方面优势：

一是可以量化设计工作。传统的设计工作大部分依靠设计人员的经验判断，容易出现疏忽导致的设计失误，采用"构件信息卡"进行设计，清晰地指导了在每一设计阶段应考虑哪些设计问题，规避了仅靠经验设计的局面，同时逐层深入的设计可以避免在错误方向上盲目深化导致的工作量浪费。

二是可以指导实际建造。建造活动的实质是一系列串行或并行的工序组，而传统模式下用于指导建造的"施工图"却只能反映建造的最终成果，与工序无关，自然无法与实际建造协同。因此，本书提出的按照实际的工序组关系生成的"建造图"可以用以直接指导建造过程。

三是可以形成可迁移的设计经验。通过"构件库"，设计人员不必掌握建筑工程的全部知识和经验，而是集中力量进行协调工作。"构件库"的运维信息也为后续设计提供了参考。

## 6.5　组织结构

本篇共分为7章，各章的主要内容具体如下：

第6章是基础研究部分，主要阐述协同模式的研究背景、意义和文章的组织结构。

第7、8章是理论研究部分，第7章从"协同系统理论"入手，分析了协同系统的3个主要的影响因子，即意愿、目标和信息，并将其对应于建筑工程

协同系统中。第 8 章以这 3 个影响因子为标准，分析了 3 种现有的建筑工程协同模式，指出现有模式的问题，并提出新型的建筑工程协同模式，即一种基于构件的协同模式，其组织形式是基于构件的"产业联盟"，其信息载体是建筑构件。

第 9 章是方法研究部分，探讨基于构件的建筑工程协同方法——构件信息集成。对应于构件的 3 个特点，提出构件的分解、命名统计、信息集成方法，并提出 BIM 技术是实现该方法的理想工具。

第 10 章是操作流程部分，将产业联盟思想和构件信息集成方法落实到具体操作层面，提出"四个协同"的操作流程，即协同设计、协同建造、协同运维、协同利益分配，其中协同利益分配贯穿了建筑工程的全阶段，是前三个协同的前提和保障；并以"梦想居"项目为例，贯穿全章，详细阐述了协同模式的各个流程。

第 11 章是理论验证部分，选取轻型结构建筑"芦家巷社区活动中心"项目进行工程应用，验证了本书所提出的观点和方法的可行性、适应性和延续性。

第 12 章是结论部分，对全书提出的观点进行总结，并对协同模式以后的研究方向进行展望，提出协同模式的发展除了需要协同模式本身的改变之外，还需要制度和技术两方面发展的推动。

# 第7章 建筑工程协同的理论研究

## 7.1 协同

### 7.1.1 协同的概念

协同即协调 2 个或 2 个以上的不同资源或个体，协同一致地完成某一目标的过程或能力。建筑工程项目涉及的专业众多，而最终的成果是各个专业的成果综合，这一特点，决定了建筑工程管理中需要密切的配合和协作。分配和协同不同个体、组织之间的工序、资源、利益的过程，就是协同的过程。社会的各级组织实质都是一些协同的系统。在这些系统中，人们进行着有计划、有意识、有目标的协同工作。

1. 协同的必要性

协同是社会生活中不可或缺的行为，其必要性体现在以下两方面：

一方面，协同是为了克服个体能力的限制，以实现预期目标。每个人都有能力上的不足，这种不足可能在体力、智力、技术、装备等各方面，一个企业或单位也是一样。协同正是为了弥补这一不足，让企业或个人得以进行独自所无法进行的操作。

另一方面，协同也是为了让个体发挥比较优势，提高整体效用。从经济学的基本原理中不难得知，让每个人做自己最擅长的事，才能达到共同效益的最大化，缩短总的社会必要劳动时间，因此可以提高社会总效率。

2. 协同的有效性

协同的有效性是指协同活动的结果：通过协同，使任务的完成比单独完成更节约人力、物力、财力，则称这一协同是"有效"的；反之则没有达到协同的效果，称为协同"无效"。在现实生活中，几乎不可能实现完全的协同，因为协同的过程中总会产生种种冲突，如意见冲突、目标冲突、利益冲突等，这些冲突使协同的有效性打折扣，也就影响了协同活动的效率和结果。因此研究协同模式的意义就在于通过改变协同各方合作的方式，让协同活动变得更"有效"。

### 7.1.2　协同系统理论

"协同系统理论"是由美国管理学家和系统科学家巴纳德（Chester I. Barnard）于 20 世纪 40 年代提出的，他深入地研究了协同活动运作机理，提出一个高效的协同系统必须包含三个基本要素——协作意愿、集体目标和信息沟通。

巴纳德认为，协同是整个社会得以正常运转的基本而又重要的前提条件。社会的各种组织，不管是政治的、军事的、宗教的，还是企业的、学术的，都是一个个协同系统。而且协同系统是一个动态的系统，它的运营环境以及组成要素都在不断地变化，因此协同系统也处于不断地发展变化之中。协同系统的稳定性和持续性，取决于协同系统的"有效性"和"能率"。所谓协同系统的"有效"，是指协同行为达到了所追求的客观目标；所谓"能率"，是指在达到目标时没有产生不希望出现的负面效应。"有效"才能维持组织的生存，而"能率"能够使人（包括自然人和法人）产生协作意愿。

巴纳德认为协同系统的形成需要三个基本要素：协作意愿、集体目标和信息沟通。反过来说，有了这三个要素，一个协同系统也就形成了——各参与方由协作意愿驱使，通过信息沟通完成协同过程，最后实现集体目标（图 7-1）。

**图7-1　巴纳德"协同系统的三要素"**
图片来源：笔者自绘

1. 协作意愿

巴纳德将个人加入协同系统所必须具备的这种条件称为"协作意愿"。协作意愿是指个人要为组织的目标贡献力量的愿望，协作意愿"意味着自我克制，对个人行动控制权的放弃，个人行为的非个人化"。这种意愿产生的结果就是个人努力的凝聚和结合；没有协作意愿，为协同做贡献的个人努力就不能持久。协作意愿具有两个显著特点：一是个人或企业的协作意愿的强度存在着极大的差异，二是个人或企业的协作意愿的强弱总是变动的。

2. 集体目标

巴纳德认为，个人在加入组织的时候必须有协作意愿，而与此紧密相关的是，还需要有强烈的集体目标。只有具有了集体目标，协作意愿才能发展起来。在实际的协同活动中，集体目标和各参与方的局部目标很多时候是不一致的，集体目标只有得到协同系统中各成员的理解并为各个成员所接受时，才能激起协同行为。因此，协同成果必须是集体目标，而不能是某一个企业或个人的局部目标。

如果在协同中，各主体的目标不能统一，各自在面对总体目标和局部目标的矛盾时，容易出现意见分歧，追求局部最优而导致总体效率降低；或者由于社会化分工和契约性，不同的参与主体代表不同的利益，在组织实施的过程中以各自利益最大化为目标，对总体目标的实现产生消极影响。

3. 信息沟通

巴纳德认为，对于协同系统的协作意愿、集体目标两个要素来说，它们就相当于协同系统的两极，而能使这两极连接起来的动态过程正是信息沟通。协同系统的集体目标必须被人们所共同了解，而要了解就必须通过某些信息协同的形式。如果只有组织目标，却没有相应的信息交流使之为组织成员所知晓，那就毫无意义；同样，如果不传递必需的信息，就不仅不能确保成员的合理行动，而且也不能确保组织成员产生协作意愿。为了达到有效的沟通，就必须建立一个及时、准确、有效的信息沟通平台。

## 7.2 建筑工程协同

### 7.2.1 建筑工程的各参与方

建筑工程中的各参与方可粗略分为 6 类不同的单位，分别是：业主单位、勘察设计单位、施工单位、监理咨询单位、供货单位和运维单位。这 6 类单位及其职责划分如表 7-1 所示。

表7-1 建筑工程的参与方

| 参与方 | 职责 |
|---|---|
| 业主单位 | 建筑工程的投资方，一般对该工程拥有产权。业主单位也称"甲方"，指建设工程项目的投资主体或投资者，它也是建设项目管理的主体 |
| 勘察设计单位 | 勘察单位受业主单位委托，提供地质勘查服务，包括确定地基承载力，并建议采取合适的基础形式和施工方法；<br>设计单位包括方案设计、扩初设计和施工图设计、精装修设计、钢结构深化设计、机电深化设计、幕墙深化设计、园林景观设计等 |
| 施工单位 | 施工单位是承担具体施工工作的，由专业人员组成的、有相应资质的、进行生产活动的企业，一般包括总承包单位、专业承包单位及劳务分包单位 |
| 监理咨询单位 | 工程监理单位是指取得监理资质证书，具有法人资格的监理公司、监理事务所和兼承监理业务的工程设计、科学研究及工程建设咨询单位；<br>工程咨询单位是指遵循独立、科学、公正的原则，运用工程技术、科学技术、经济管理和法律法规等多学科方面的知识和经验，为政府部门、项目业主及其他各类客户的工程建设项目决策和管理提供咨询活动的单位 |
| 供货单位 | 供货单位是在建筑生产环节提供建筑材料、成品和半成品设备生产供应的单位，根据合同关系的不同，又分为施工单位自行采购、甲指乙供等常见合同形式 |
| 运维单位 | 常见的运维单位为物业管理公司，物业公司是专门从事地上永久性建筑物、附属设备、各项设施及相关场地和周围环境的专业化管理的，为业主和非业主使用人提供良好生活和工作环境的，具有独立法人资格的经济实体 |

我们把上述 6 类单位按照利益相关方做一个简单分类，可分为 4 类（表7-2），分别是业主方、设计方、施工方和运维方。其中业主方主要包括业主单位和受业主委托对工程进行监督的监理咨询单位，负责项目的前期策划、设计建造监督、销售和运维；设计方主要包括勘察设计单位，负责提供用以指导施工的文档信息；施工方包括施工单位和供货单位，负责生产建筑构件和建造建筑成品；运维方主要包括运维单位，负责为使用者提供咨询、维修、更换、拆除和回收再利用等服务。

表7-2 建筑工程各参与方分类

| 业主方 | 业主单位 |
|---|---|
| | 监理咨询单位 |
| 设计方 | 勘察设计单位 |
| 施工方 | 施工单位 |
| | 供货单位 |
| 运维方 | 运维单位 |

### 7.2.2 建筑工程的各阶段

建筑工程阶段繁多，如不进行归类则会陷入难以把控的局面。本书将建筑工程的各阶段划分为 3 个主要阶段，分别是设计、建造、运维阶段。设计阶段包括前期项目策划和概念构思、方案设计、初步设计和施工图设计等任务；建造阶段包括工厂预制和采购、现场加工和工位建造等任务；运维阶段包括建筑成品的交付、使用运维、回收再利用等任务，如表 7-3 所示。

表7-3 建筑工程各阶段分类

| 设计阶段 | 项目策划和概念构思 |
|---|---|
| | 方案设计 |
| | 初步设计 |
| | 施工图设计 |
| 建造阶段 | 工厂预制和采购 |
| | 现场加工 |
| | 工位建造 |
| 运维阶段 | 交付 |
| | 使用运维 |
| | 回收再利用 |

在一些研究中，采用与本书不同的阶段分类方法，如划分为 4 个阶段，将前期的项目策划单独作为一个阶段。本书之所以采取划分成 3 个阶段的方法，是因为在本研究内容中，协同的最核心环节是建造。建造是协同的实际实施过程，设计是面向建造的，运维也是在建造的基础上进行，因此本书以建造阶段为界，划分为建造前（即设计阶段）、建造中（即建造阶段）和建造后（即运维阶段），再细分更多的阶段对本研究并无必要。

### 7.2.3 建筑工程协同的三个影响因子

巴纳德的"协同系统理论"提出了协同系统三要素，即协作意愿、集体目标和信息沟通，如果具备了这三个要素，就形成了一个协同系统。而在实际的建筑工程协同中，很少有绝对的有或无，多数情况下是介于二者之间的，只是程度有所区别。例如，各参与方很少有完全丧失协作意愿的情况，也很少有完全不惜代价地参与协作的情况，多数情况下，协同的结果是受协作意愿的强弱、集体目标的明确程度、信息沟通的效率所影响的。

据此，本书提出了针对建筑工程协同的3个影响因子，即意愿、目标和信息。

#### 7.2.3.1 意愿

意愿，即参与项目的各方有通过交流、协商、变更等各种手段，进行协同合作的愿望。协作意愿越强，团队的凝聚力越强，各方越愿意付出资源和时间去克服困难，达到共同目标。因此，协同意愿对协同的结果有积极的影响。

意愿的强弱受到多方面因素的影响，其中最主要的是利益分配。这是因为在建筑工程中，各参与方参与协同的主要目的就是获取利益（不仅限于经济利益）：如果无法获得自己所期望的利益，协同的意愿可能减弱甚至丧失；如果利益分配得不公平，那么即使各方都获得了自己所期望的利益，协同的意愿也要打折扣。因此，公平、合理的利益分配是保障协作意愿的最重要因素。

#### 7.2.3.2 目标

目标，即参与项目的各方对建筑工程的集体目标的了解和重视程度。集体目标越明确，越可能为达到同一结果而协同工作；集体目标越模糊，各方越可能只追求自己局部目标的最优，而不考虑甚至牺牲集体目标的最优。例如，建筑工程中的集体目标，应该是设计、建造、运维各阶段的各项任务的高质量完成，如果设计方只关注自我设计概念的表达而不考虑施工的可行性，或者建造完成后就不再参与建筑的运维，就是对集体目标重视程度较弱的表现。

对集体目标的重视程度也受到多方面因素的影响，其中最主要的是责任制度。因为建筑工程中，通常是以合同中所规定的责任来约束各方的行为的，如果某一企业的责任只局限于某个工程阶段，那么该企业就没必要参与工程的其他阶段去促进集体目标的实现。因此，贯穿建筑工程全部阶段的参与方责任制度是保障集体目标的重要因素。

#### 7.2.3.3 信息

信息协同，即参与项目的各方在建筑工程的各阶段中，需要保障及时、顺畅的信息交流，而不能局限于某参与方内部或各自所负责的阶段中。这样有利于各方掌握全面完整的信息，做出正确的决策；也利于集思广益，推动方案完善，及早发现问题；还利于各方明确任务分工和利益分配。

何清华从基于信息论、控制论而产生的协同学的自组织理论入手的研究也佐证了上述观点。他归纳出影响项目组织的 6 个参数：信息、文化、目标、范围、过程和资源。按照参数在系统协同过程中影响工时的长短，可以将参数分为慢参数、中参数和快参数。信息是建筑工程系统协同过程中影响工时最长的，因此也是在系统从无序演化为有序的过程中起决定作用的参数（表 7-4）。

表7-4　影响项目组织的6个参数

| 参数类型 | 影响时间 | 参数名称 | 参数描述 |
| --- | --- | --- | --- |
| 慢参数 | 长 | 信息 | 及时性、流畅性、准确性 |
| 中参数 | 中 | 文化、目标 | 宣传文化、行动文化、观念文化；工时、成本、质量 |
| 快参数 | 短 | 范围、过程、资源 | 工序内容启动、计划、执行、控制，收尾内部资源、外部资源 |

各参与方的协同主要依靠信息的交换，信息之于组织就如同血液之于人体。对信息协同的效率影响最大的因素是信息的载体。信息的载体不同可能会导致信息丢失、迟滞和拥堵。一个形象的例子是，如果用互不相通的语言交流，信息传递的效率就会降低；如果用相同的语言交流，就能大大提高信息传递的效率。因此，信息载体是影响信息协同效率的关键因素。

## 7.3　本章小结

本章首先对建筑工程协同进行了理论研究，借鉴了系统科学中巴纳德的"协同系统理论"，即协同的三大要素是协作意愿、集体目标和信息沟通。

其次分别研究了建筑工程协同的各参与方和各工程阶段，将参与方分为业主方、设计方、施工方和运维方 4 类；将工程阶段分为设计阶段、建造阶段、运维阶段 3 类。

最后将该理论应用于建筑工程协同系统之中，提出建筑工程协同的三个影响因子：意愿、目标和信息。各参与方协作意愿的强烈程度、对集体目标的重视程度和信息交流的顺畅程度，影响了建筑工程的协同效率。并且，协作意愿的增强，主要来自各参与方之间公平、合理的利益分配；对集体目标的重视，主要来自各参与方的责任约束；信息交流的顺畅，主要来自信息载体的统一。

这 3 个影响因子,也是后文评价建筑工程协同模式的协同效率的主要依据。

# 第8章　基于构件的建筑工程协同模式

## 8.1　现有的建筑工程协同模式

### 8.1.1　招投标模式

招投标模式，即业主方通过招投标的方式确定设计方、施工方和运维方，各参与方与业主方签订合同，负责某个工程阶段。由于各参与方只向业主方负责，互相之间没有约束关系，因此在其所负责的阶段完成后，也通常只与业主方交接，而很少直接与后续阶段的参与方交流。例如，设计阶段完成后，设计方将施工图交给业主方审定，由业主方认可后转给施工方；如施工方需要变更，也与业主方协商，经过业主方同意后，通知设计方改图。这样，设计方和施工方之间的"协同"其实是在传递其各自与业主方协商的结果，而不是通常意义上的沟通协调。

图 8-1 反映了招投标模式的工程组织方式，图中箭头表示协同关系。由此不难发现，在招投标项目中，协同主要是由业主方主导的。从建筑工程协同的 3 个影响因子进行评价如下：

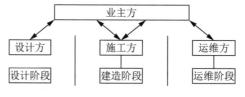

**图8-1　招投标模式的工程组织方式图示**

图片来源：笔者自绘

（1）意愿方面。各参与方只对业主方负责，相互之间没有约束关系，各方是否与其他参与方协同，则很大程度上取决于各方自己的偏好，因此协同的意愿较弱。

（2）目标方面。由于各方是基于工程阶段的组织，各阶段之间彼此分离，各参与方都只知道自己所负责的阶段目标，对总体情况不了解也不关心，使前置阶段不能充分考虑后续阶段的各项影响因子，因此对目标的协同也比较弱。

（3）信息方面。各参与方只对业主方负责，因此更愿意直接向业主方交接，而没必要对其他参与方负责，由业主方进行信息中转，从而造成信息的迟滞、阻塞和损失，影响了信息协同的效率；同时，信息载体不一致也导致了信息的损失。

### 8.1.2 动态联盟模式

动态联盟模式来源于工业制造领域的敏捷制造 (Agile Manufacturing，简称 AM)，其基本思想是在并行工程基础上，将企业内部的过程活动集成扩展为企业之间的动态集成。

敏捷制造首次提出了"虚拟企业"的概念。所谓"虚拟企业"是一种打破空间阻隔的企业组织形式。这种组织方式的优势是，可以充分抓住市场机会，制造企业将不同企业的优质资源集中整合，与设计企业、供应商、销售商乃至使用者共同组成动态企业联盟，相互间利用网络信息工具沟通联系，共同快速完成产品任务。当市场机会出现时，"虚拟企业"可迅速建立，而目标任务完成后，企业便自行解体。敏捷制造思想下的"虚拟企业"具有单独个体公司所不具备的资源、技术与人力优势，增强了企业对市场的应变能力。

例如，英国管理咨询公司 MACE 创建了 16 家公司，包括设计、承包商和材料供应商，为办公楼开发提供项目总承包服务。MACE 和业主签订单一合同，并传递给所有成员，这些成员完成各自的任务，并共享风险和回报。由于具有共同的目标，团队组织能自由地共享项目信息及为项目共同利益服务。一旦一个建筑设计机构率先发现市场机会，自身便可作为动态联盟的盟主构思相关设计资源，组建临时团队，让来自不同行业的企业（如建筑设计机构、房地产公司、建材公司、设备公司、某些专业设计及工程公司等）形成"虚拟企业"，来分担整个项目中的一个或多个子任务。他们在盟主的主持下，彼此之间通过网络密切交流，相互合作和协调，共享技术、市场和共担成本。动态联盟将过去互不联系的企业联系起来，共享利益，优势互补，分担风险，强化各自的竞争力，改变了孤立的竞争观念。

图 8-2 是动态联盟模式的工程组织方式，图中箭头表示协同关系。从图中不难看出，这种组织形式是基于一个共享的网络平台形成的。因此，相比招投标模式，其优势在于各方不再通过业主方进行信息中转，而是可以利用网络平台实现即时、直接的交流，提高了信息协同效率；同时，动态联盟灵活、自由的组织方式增强了企业对市场的应变能力。但问题是组织过于松散和临时，未能形成较为长期稳定的伙伴关系，因此不能保障质量，一旦有一个企业出现质

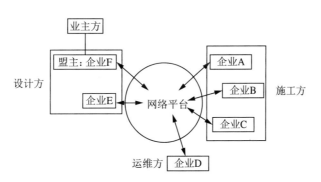

**图8-2 动态联盟模式的工程组织方式**
图片来源：笔者自绘

量问题，整个动态联盟的成员都要为此承担责任。从建筑工程协同的3个影响因子进行评价如下：

（1）意愿方面。由于组织过于松散，几乎每一次合作都是临时形成的，各方之间很难迅速了解和相互信任，各方都不知道下一次是否还会合作，所以不愿在企业磨合、培训员工等方面投入过多资源，因此其协作意愿也是临时的、不稳固的。

（2）目标方面。各方依照合同完成自己所负责的工程阶段，一旦任务完成，该企业与动态联盟的合作关系即解散，是否与后续阶段协同完全依赖于该企业的职业素质。因此也更有可能产生各阶段分离、目标不能协同的问题。

（3）信息方面。各方可以通过网络平台实现即时交流，但各方是否愿意为临时的合作关系，占用自己的资源和时间，参与协同和交流，则取决于参与方各自的意愿，因此网络平台只能作为技术保证，要依靠协同意愿才能充分发挥作用。

### 8.1.3　工程总承包模式

工程总承包，又称EPC（Engineering Procurement Construction），是指企业受业主委托，按照合同约定对工程建设项目的设计、采购、施工、运行等实行全过程或若干阶段的承包。通常，总承包企业在总价合同条件下，对其所承包工程的质量、安全、费用和进度负责。

图8-3反映了工程总承包模式的工程组织方式，图中箭头仍然表示协同关系。从建筑工程协同的3个影响因子进行评价如下：

（1）意愿方面。工程总承包模式由总承包企业统一领导，各参与方作为总承包企业的下属部门，整体负责建筑工程从设计到施工的全阶段中的各项任务，因此协作意愿比较有保障。

（2）目标方面。工程总承包中的各参与方不是基于阶段组织起来的，而是形成一个总承包企业，对建筑的全生命周期负责。因此各阶段分离，各方只关注局部目标的问题也得以解决。

（3）信息方面。各方属于同一单位，因此有助于打破各专业、各阶段之

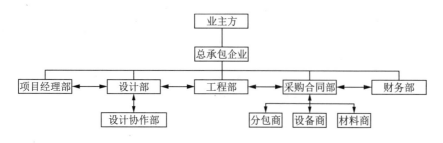

**图8-3　工程总承包模式的工程组织方式**

图片来源：笔者自绘

间的壁垒直接进行协同，但也同样缺乏统一的信息载体，造成了信息损失。

综上可见，工程总承包模式相较于招投标和动态联盟模式，在意愿、目标和信息方面都更有保障，是一种较好的工程组织方式。但工程总承包模式在国内的应用却主要局限在大型企业中，这是因为总承包模式要求总承包商综合能力很强，因此目前国内只有大型企业有能力主导工程总承包项目，因而其应用也主要在大型复杂项目中。民间的大量小型企业，没有能力实现工程总承包，因此难以进入总承包市场，发挥出自己的市场潜力。

### 8.1.4　现有的建筑工程协同模式的评价

综合上述分析，得出了对现有协同模式的评价，如表 8-1 所示。

表8-1　现有协同模式的评价

| 现有协同模式 | 评价 | | | |
|---|---|---|---|---|
| | 意愿 | 目标 | 信息 | 根本问题 |
| 招投标模式 | 弱 | 弱 | 弱 | 参与方基于工程阶段组织起来，只用对某一工程阶段负责 |
| 动态联盟模式 | 弱 | 弱 | 不定 | 合作关系过于松散临时 |
| 工程总承包模式 | 强 | 强 | 强 | 只有大型企业才有能力主导 EPC，难以调动市场中中小型企业的力量 |

综合上述分析可知，招投标模式的根本问题在于，各参与方是基于工程阶段组织起来的，因此只对某一工程阶段负责，难以在项目全生命周期中形成协同；动态联盟模式的根本问题在于，各方无法形成长期、稳定的合作关系，因此不能保障较为可靠的协作意愿和目标，也就无法达到有效协同；工程总承包模式是目前比较合理的一种协同模式，能达到意愿、目标和信息协同，但目前在应用上主要局限于大型企业，而没能充分调动起中小型企业的能力。

针对于此，理想的建筑工程组织形式应该具备以下 3 个特点：

（1）能够让各参与方参与到建筑工程项目的全生命周期中，而不只是负责某一个阶段性的任务。

（2）能够形成较为稳定的、长期的合作关系，而不是短期的、临时的合作关系。

（3）能够广泛调动市场中的中小型企业和个人参与协同，而不只是大型企业才有能力完成。

这种新型的建筑工程协同模式，是一种基于构件的建筑工程协同模式，将在下一节中详细说明。

## 8.2 基于构件的建筑工程协同模式

基于构件的建筑工程协同模式是一种以构件为信息载体，以产业联盟为组织形式的新型建筑工程协同模式（图8-4）。

与其他模式的本质差别在于，该模式是基于构件的。之所以要基于构件，是因为建筑工程中的各项活动最终都要围绕建筑的物质实体展开，建筑工程的各参与方也都要围绕建筑的物质实体组织起来，因此，通过构件可以将建筑工程的各参与方和各工程阶段联系起来。

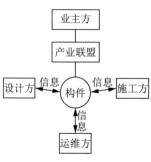

图8-4 基于构件的建筑工程协同模式图示
图片来源：笔者自绘

基于构件的建筑工程协同模式也应从建筑工程协同的3个影响因子进行评价：

1. 意愿

7.2.3.1节提到，公平、合理的利益分配是保障协作意愿的最重要因素，而在传统的协同模式下，工程的各项指标缺乏集成的统计手段，往往很难制订准确的利益分配计划。而通过构件的统计，可以在开始施工之前清晰地了解方案的造价、工程量、所需机具及使用时间、运输方式等各项涉及利益问题的因素，从而得出准确、清晰的利益分配计划，有助于公开、透明地进行利益分配，从而提高团队意愿协同的程度。

2. 目标

传统协同模式下，各参与方是以工程阶段组织起来的，故各自只关注自己负责的阶段。产业联盟的合同中规定了各方为其所提供构件的全生命周期负责。从纵向上看，每个企业对其所提供的构件全生命周期负责，整个产业联盟对建筑整体的全生命周期负责。因此，每个企业的责任贯穿建筑的设计、施工、运维阶段，而不是只负责建筑工程的某一阶段。从横向上看，各企业提供的构件最终要装配形成建筑整体，构件所反映的建筑物质实体的交接组合关系，也是各参与方需要配合的地方，因此要打破各自为政的局面。

3. 信息

基于构件的建筑工程协同模式以构件为信息载体进行信息传递。不同于传统模式以口头交流、文档、图纸、模型、数据、效果图、专业建模和分析软件等不同的信息传递媒介进行交流，会造成信息的折损，构件作为一个通用的信息交流媒介，可集成与建筑工程各阶段和各参与方相关的全部信息，从而将各工程参与方和各工程阶段联系在一起，成为一种各方通用的"语言"，促进各方、各阶段的信息交流。

### 8.2.1　组织形式：基于构件的产业联盟

#### 8.2.1.1　产业联盟的概念

产业联盟，也叫"工程项目组织集成"。为规避传统建设工程"碎片性""阶段分离"等弊端，借鉴了制造业的"动态制造联盟""战略制造联盟"等组织形式，建立了"产业联盟"形式的工程项目组织理论。

产业联盟是指参与协同的各企业、单位和个人，通过正式协定（一般是合同），所建立的较为稳定、长期的联合组织，以联合体的方式共同参与到建筑工程全部阶段的各项任务中。产业联盟的基本组织架构如图 8-5 所示（图中线为合同关系）。

为更清晰地说明产业联盟的概念，以"梦想居"项目的产业联盟组织架构为例（图 8-6）。其中思丹鼎、汉能、筑道、科逸和皇明 5 家企业，各自为其所提供的建筑构件、光电设备、智能化设备、整体卫浴产品、光热设备的全生命周期负责，因此各企业必须参与到建筑从设计（包括各阶段构件设计和评审会议）、建造到使用运维的全生命周期之中，而不再像传统的协同方式那样，只负责将生产好的构件或设备按时送到工地即可；另外，因为构件的交接关系，促进了企业间的协同行为，例如智能化公司与施工单位和设计单位必须就设备需要预留的孔洞的尺寸和位置进行协商，因此能将协同落实到具体的构件上，让协同变得直观、可计量、可操作。

**图8-5　产业联盟的基本组织架构**
图片来源：笔者自绘

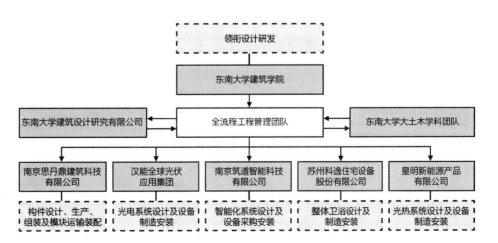

**图8-6　"梦想居"项目产业联盟组织架构**
图片来源：笔者自绘

相比于招投标模式的组织，产业联盟打破了企业之间的壁垒，实现了目标协同，也让各阶段的信息协同成为可能；相比于动态联盟模式的组织，产业联盟长期、稳定的合作关系给各企业适当的约束和推动力，保障了意愿和目标的可靠性；相比于工程总承包模式的组织，产业联盟不仅仅局限于大型承包单位，有利于调动中小型企业的力量和创造力，提高了协作意愿。

### 8.2.1.2 产业联盟的组织原则

从根本上说，产业联盟的目的是让各企业通过构件组织起来，达到意愿、目标和信息协同。其组织原则有如下几点：

1. 利益共享

利益共享所说的"利益"，有正的利益，也有负的利益。正的利益有经济利益、宣传利益和技术利益等，负的利益就是风险。因此，协同利益分配不仅包括共同分配利益，也包括共同承担风险。

在建筑工程中，各参与方都为了获得一定的利益而参与协同工作，如果不能满足各自的期望利益，其协作意愿就要打折扣。但其所期望的利益又无法从其协同活动中直接获取，因此就需要对协同工作形成的成果进行"再分配"。举一个形象的例子，比如某制造企业为了获得利润而参与协同，但利润不能直接从该企业生产的零件中获得，因此需要在产品生产、销售、获得利润之后，再对所得利润进行重新分配，该企业才从该协同活动中获得了自己期望的利益。

除了利益要共享，风险也要共同承担。例如，设计方采用了某种新技术，而因采用这种技术造成的施工风险却只由施工方承担，设计方不为此负责。这无形中就导致了设计方不关注施工过程和施工质量；而施工方因不愿独自承担设计引起的施工风险，而对设计方的新思想不愿配合和尝试。

可见，如果利益不能共享，风险不能共同承担，各企业也就无法全身心地投入协同中，也就无法实现意愿的协同。

2. 构件责任制

产业联盟采取以构件为核心的组织方式，即各企业为其所提供的构件的全生命周期负责，因此各企业都必须参与到建筑工程的全部阶段中去。每一个构件都有主要责任方，责任方一般是提供该构件的企业；负责构件全生命周期的各项操作的是操作方。构件责任方和操作方的关系有以下 2 种可能性：

第一种是操作方与责任方是同一家企业，即该企业独立负责构件的生产、安装、运维全过程，并为各个环节负责。例如，在"梦想居"中，"智能门锁"构件的各阶段操作方就是该设备的责任方（表 8-2）。

表8-2　操作方与责任方是同一家企业示例

| | 构件：智能门锁构件 | | |
|---|---|---|---|
|  | 工程阶段 | 设计阶段 | 建造阶段 | 运维阶段 |
| | 操作方 | 南京筑道智能科技有限公司 | | |
| | 责任方 | 南京筑道智能科技有限公司 | | |

第二种是操作方与责任方不是同一家企业，因为在实际工程中，企业并不总有条件独立负责与其提供的构件相关的全过程服务，此时就涉及与其他企业的配合。例如，"梦想居"的污水处理设备就属此类，如表 8.3 所示，"污水处理设备"构件是由东南大学土木学院研发并提供的，而提供设备的团队却没有能力安装，只能由施工企业思丹鼎建筑科技公司装配，因此这两家单位之间存在交接关系。

表8-3　操作方与责任方不是同一家企业示例

| | 构件：污水处理设备构件 | | |
|---|---|---|---|
|  | 工程阶段 | 设计阶段 | 建造阶段 | 运维阶段 |
| | 操作方 | 东南大学土木学院 | 南京思丹鼎建筑科技有限公司 | 东南大学土木学院 |
| | 责任方 | 东南大学土木学院 | | |

产业联盟的构件责任制，确保了企业对工程项目的全生命周期各个阶段的共同参与，而不仅仅是自己所负责的那一部分。设计阶段的各项决策，不仅依靠设计人员的判断，还要得到产业联盟中所有成员的共同认可。这样才能从各种不同的专业角度和立场，从不同的视角看问题，集思广益，提高设计、建造质量。

3. 长期合作

在以构件为纽带的长期合作关系中，各参与企业共同研发适合某类建筑工程项目的构件，并在长期合作中共同改进，这样就保障了长期的而不是临时合作。例如，某整体厨卫品牌如果加入了产业联盟，就可针对项目的特殊性共同研发适合该类项目的产品，并在设计、建造、运维过程中接受各方的意见，进行优化改进，各企业就通过构件形成了长期、稳定的联系。

长期合作的原则规避了动态联盟的弊端，即各参与方的合作关系是通过网络临时形成的，合作完成后，联盟关系即解散。从博弈论的观点看，如果合作关系是短暂的甚至是一次性的，那么参与方就更有可能出现违约、欺骗等行为；而当合作关系趋于长期，各方的行为就受到了更多的约束，出现违约和欺骗行为的可能性就降低了。因此，各方的长期、稳定合作，不仅给彼此都带来更多的发展机会，而且也增强了协同的可靠性。

## 8.2.2 信息载体：建筑构件

信息协同必须通过一定的载体才能实现，现有的信息载体主要有口头交流、文档、图纸、模型、数据、效果图、专业建模和分析软件等。无论是招投标、动态联盟还是工程总承包模式，其最大的问题是，各阶段的负责人员各自用各自的方法进行工作，没有统一的信息载体，导致各阶段的工作互相割裂开来。

现有的各工程阶段信息载体如表8-4所示。建筑设计人员使用建筑设计模型进行设计；结构、暖通、水电设计人员则基于平面图进行深化；建造人员依照施工图和施工组织计划表来施工；到了运维阶段，又用物业管理登记表来记录和传递信息——虽然各阶段的各项任务都是针对同一个物质实体的，但却有诸多不同的信息载体。长期以来，各方就好像在使用不同的语言一样，每一次信息传递都意味着一部分信息的丢失和误解，而缺乏一种通用的语言，可以将信息完整准确地传递给其他各方。

就信息来源而言，可分为甲方提供的信息、咨询单位提供的信息、公共资源库提供的设计资料信息、建筑施工单位的支持信息、供应商提供的建筑材料和产品的信息、设计单位的设计信息、国家和地方规定的规范信息。

就数据格式而言，可分为图像数据格式如 JPG、TGA、TIF、BMP 等，图形数据格式如 DWG、DXF、3DS、MAX、RIT、DGN 等，文档数据格式如 DOC、TXT、MDB、PDF 等，多媒体数据格式如 MPG、RM、PPT、WAV、FLA 等。

表8-4　现有模式下的各工程阶段信息载体

| 工程阶段 | | 信息载体 |
| --- | --- | --- |
| 设计阶段 | 建筑设计 | 策划文本、草图、手工模型、三维建筑设计模型、建筑平立剖面图、效果图、建筑文本 |
| | 结构设计 | 结构计算模型、结构平立剖面图 |
| | 水暖电设计 | 水暖电平立剖面图 |
| | 施工图设计 | 施工图 |
| | 绿色设计 | 节能分析模型 |
| | 建造设计 | 工程算量模型 |
| 建造阶段 | | 施工组织计划表、施工图 |
| 运维阶段 | | 物业管理登记表 |

可见，现有的信息载体之所以不能有效传递信息，关键在于这种载体不能"通用"。正如语言是信息的载体，使用相同的语言可以传递信息，而不同的语言则阻碍了信息的传递，导致信息协同出现问题。可见，协同的过程是

各工程阶段（设计阶段、建造阶段、运维阶段）的信息协同，要实现这一协同，必须要有一个通用的信息载体，让信息在各参与方和各工程阶段之间便捷、有效地传递。

分析以上信息载体，从根本上看是在以不同的视角对建筑的物质实体或其建造过程进行模拟，而建筑工程中的各项活动最终都是要围绕建筑的物质实体展开，建筑工程的各参与方也都要围绕建筑的物质实体组织起来，通过构件可以将建筑工程的各参与方和各工程阶段联系起来，因此这一通用的信息载体就是建筑构件。

## 8.3　本章小结

本章阐述了基于构件的建筑工程协同模式，即建筑工程的各参与方通过"基于构件的产业联盟"组织起来，各企业通过协同利益分配形成长期的合作关系，在每个工程项目中，对其所提供的构件的全生命周期负责；并以构件作为通用的信息载体，进行信息集成和调用。

本章首先依据第 7 章提出的 3 个影响因子分析了 3 种现有的建筑工程协同模式，即招投标模式、动态联盟模式和工程总承包模式，指出现有的协同模式存在 3 个根本问题：

（1）招投标模式是基于工程阶段的组织模式，不利于调动参与方的协作意愿，也不利于参与方对工程全阶段的参与，同时业主方的信息中转也不利于各方的信息交流。

（2）动态联盟模式过于松散和临时的组织模式，不利于形成长期可靠的协作意愿和目标，从而难以保障协同质量，但信息平台的建立有助于各方的信息交流。

（3）工程总承包模式以一个工程总承包单位为统领，可以促进意愿、目标和信息的协同，但目前，这一形式在国内还局限在大型企业之中，而民间大多数没有能力完成工程总承包的中小型企业则难以被调动起来。

鉴于以上问题，本章提出基于构件的建筑工程协同模式，这一模式以产业联盟为组织方式，以建筑构件为信息载体（图 8-7）。

"产业联盟"是指参与协同的各企业、单位和个人，通过正式协定（一般是合同）所建立的较为稳定、长期的联合组织，以联合体的方式共同参与到建筑工程全部阶段的各项任务中，各企业共享利益，共担风险，并为其所提供构件的全生命周期负责。产业联盟以协同利益分配、构件责任制和长期合作为组织原则。相比于现有的参与方组织形式，具有以下 3 个突出的优势：

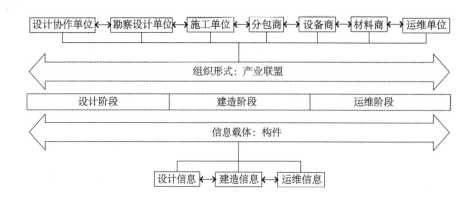

图8-7　基于构件的协同模式图解
图片来源：笔者自绘

（1）通过构件责任制，产业联盟打破了企业之间的壁垒，促进了目标和信息协同。

（2）通过协同利益分配，形成了企业联合体，调动了市场中中小型企业的力量和创造力，提升了协同意愿。

（3）通过长期合作，形成稳定的合作关系，给各企业适当的约束和推动力，保障了意愿、目标和信息协同的可靠性。

各参与方和工程阶段之所以能达到协同，是通过信息交流来实现的。信息必须通过一定的载体才能传达，这种载体可以是口头交流、文档、图纸、模型、数据、效果图、专业建模和分析软件等。采用这些形式的载体的共同目的是实现各工程阶段的信息协同。分析现有的信息传达方式可以看出，各阶段的负责人员各自用各自的方法进行工作，缺乏统一的信息载体，导致各阶段的工作互相割裂开来无法协同。因此，需要一个通用的信息载体，这一载体应具备以下两个条件：

（1）能横向联系建筑工程各参与方。

（2）能纵向联系建筑工程各阶段。

这一载体就是建筑构件，因为各参与方的各项任务都是围绕建筑的物质实体展开的，因此构件将各阶段的各项任务和各参与方和建筑的物质实体联系起来。相比于传统模式下用图纸、施工计划等载体进行信息协同的方法，构件是跨越各阶段和各参与方的通用载体，因此不会造成因载体变化而产生的信息流失、迟滞和拥堵。

因此，基于构件的建筑工程协同模式的组织方式是产业联盟，信息载体是建筑构件。

# 第9章 基于构件的建筑工程协同方法：构件信息集成

## 9.1 构件的特点

### 9.1.1 可分解性

构件的划分不是绝对的——大到整栋房屋，小到一颗螺丝，以及二者之间的诸多层级（如模块、部品、组合件等），只要是可更换的装配单元，都可以被称作构件。然而，构件的包含关系是固定的，一个构件可以被分解为若干个次级构件，这些次级构件又可以分别被分解为再次级构件，以此类推，直至不可再分（图9-1）。

因此构件的层级如何划分具有一定的主观性，可以根据不同的需求和不同的项目特点来选择划分依据。例如，某项目的构件划分将"框构件"作为最小构件，但显然，每一个"框构件"还可以继续分解为6根"杆构件"（图9-2）。之所以不再继续分解，是由于工程项目中控制构件数量的需要，在其他情况下，二者都可以作为最小构件层级，并没有确定要求。

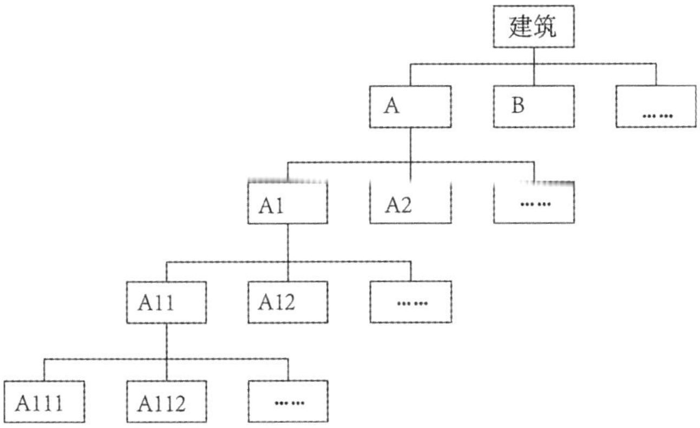

**图9-1 构件的可分解性**
图片来源：笔者自绘

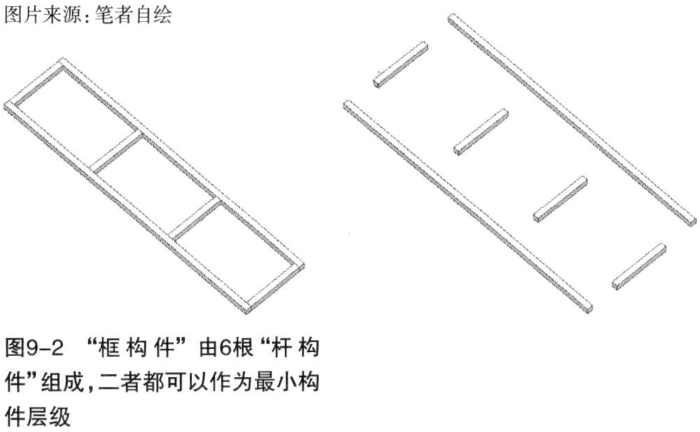

**图9-2 "框构件"由6根"杆构件"组成，二者都可以作为最小构件层级**

图片来源：笔者自绘

### 9.1.2 独立组合性

构件的独立性是说构件作为一个独立的装配单元，可以在不影响其他构件的情况下，进行加工、安装、维修、拆除和更换。例如，一个整体卫浴模块，可以独立地在工厂加工制作，而不需与现场建造同步；建造时可以独立安装，不需要与其他构件共同完成；如果构件在使用时出现故障，可以独立维修或更换这一个模块，而不干扰其他模块的正常运行；即使需要拆除，亦可单独拆除这一个模块，而不需拆除其他的模块。

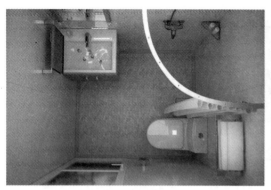
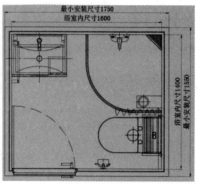

**图9-3 整体浴室模块**
图片来源：笔者自摄、自绘

　　构件的组合性是指构件通过接口（interface）组合在一起，接口是指两个不同系统之间相互作用的交界处，对于构件的协调实质是对接口的协调。构件的组合性大大降低了整体设计和建造的难度。如果没有构件化的思维，设计和建造人员就需要了解工程的所有信息和技能；有了构件化的思维，设计人员不必了解每一个构件的具体加工建造工艺，只需要知道这些构件如何连接到一起即可。

　　例如，如果设计采用整体厨房、浴室模块，设计人员就不必了解整体厨卫的具体加工工艺，而只需选择最合适的产品类型或对模块化产品提出个性化要求即可。这样一来，各方都能更聚焦于各自模块的研发和改进上，总体设计人员只用对各模块的接口进行协同，从而降低了统筹工作的难度，提高了质量，缩短了工期，有利于进一步精细化设计和建造过程（图9-3）。

### 9.1.3　物质实体性

　　构件的另一大特点是物质实体性，构件与其他工程信息载体的本质区别在于构件是建筑中真实存在的物质实体，包含物质实体的所有信息；而工程图纸中的信息只是线条和数据，只能反映构件的物理特征。例如，图9-4中，（a）（b）是某连接件的工程图纸和绘图模型，实质上只是线条和数据，线条之间没有关联，也不代表整体属性；而（c）是真实的构件，因此能包含与该构件相关的所有信息，包括尺寸、质量、材质、加工工艺、工序、机具、人员、物料、成本等。

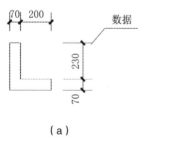
（a）

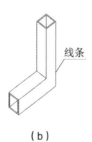
（b）

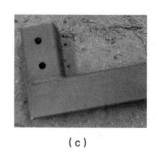
（c）

**图9-4　工程图纸、绘图模型和构件的区别**
图片来源：笔者自绘、自摄

一直以来，建筑业大部分依靠工程图纸作为建筑设计和建造的依据，然而建筑设计和建造的最终目的是呈现出建筑的物质实体，建筑各参与方所做的各项工作，都要围绕着建筑的物质实体而展开，而不是工程图纸。图纸仅仅反映了建筑工程信息的一小部分，其他大量的信息只能通过别的渠道反映出来（如施工计划、算量模型等），于是自然造成了不同的工程阶段、不同的参与人员之间信息载体无法统一的问题。

正因为与建筑营造活动相关的各项信息都会在构件上得以体现，让构件成了建筑工程信息的最佳载体。如果脱离了构件，也就无法全面地掌握建筑工程的全部信息。

## 9.2 构件分解

9.1.1 节阐述了构件的分解具有一定的主观性，可以根据不同的需求和不同的项目特点来选择划分依据。本节着重说明构件是如何分解的。

构件可以进行横向和纵向两个维度的分解。横向分解依据构件的功能，目的是让相同功能的构件组合在一起，形成集成化的功能模块，方便进行独立预制和整体组装；纵向分解依据构件的建造层级，目的是使构件层级与建造阶段对应起来，以实现分阶段、分工序的物料管理、人机料安排、建造工时安排等工程项目控制。

本章将建筑横向分解分为 4 种功能体，纵向分解分为 3 个建造层级，形成构件分解结构。

### 9.2.1 横向分解：构件分类

横向分解依据构件的功能，目的是让相同功能的构件组合在一起，形成集成化的功能模块，方便进行独立预制和整体组装。这些相对独立的功能模块，在设计、生产、建造阶段都可以整体地由一个企业团队来负责，从而减少了与其他企业配合产生的工作量和对接的潜在风险，有利于协同效率的提高。例如，把卫生间作为一个独立的功能模块，由整体卫浴厂家单独进行设计、生产、运输、安装和维修，而不需要单独地考虑其与结构、围护、内装、功能等各部分的交接。因此横向分解实际上是功能模块的整合。

根据构件功能，将建筑构件分为 4 类，即结构构件、围护构件、内装构件和设备构件。它们各自形成了 4 种功能体：结构体、围护体、内装体、设备体，各自的作用如表 9-1 所示。

表9-1　构件分类表

| 构件类别 | 分类依据 | 举例 |
|---|---|---|
| 结构构件 | 起结构作用的构件 | 梁、柱、剪力墙等 |
| 围护构件 | 起外围护作用的构件 | 外墙板、屋面板等 |
| 内装构件 | 起内装修作用的构件 | 内墙板、吊顶板、内饰面板等 |
| 设备构件 | 起设备作用的构件，一般是集成的设备模块 | 新风系统、空调系统、净水系统、整体卫浴、灯具、家具等 |

## 9.2.2　纵向分解：构件分级

纵向分解依据构件的建造层级，目的是使构件层级与建造阶段对应起来，以实现分阶段、分工序的物料管理，人机安排，工时计划等工程项目控制。不同建造层级的构件对应了不同的建造阶段；某一层级构件的信息统计，反映的就是这一建造阶段的各工程管理要素情况。例如，某一层级的构件数量统计，对应的就是这一建造阶段的物料清单；某一层级的构件加工工艺统计，对应的就是这一建造阶段的工序列表。

### 9.2.2.1　3个建造层级

根据建造步骤，将建筑构件分解为3个建造层级。纵向分解是建造的逆过程，构件分级就是从成品开始逐级地对建筑进行分解，以对应实际建造的各个阶段（表9-2）。

三级建造：首先从建筑成品开始分解，建造的最后一步必然是在工位上进行的，因此三级建造是在工位上安装或浇筑，形成建筑成品的过程，如把主体、屋顶等各模块整体吊装到工位的过程。三级建造结束则意味着建筑建造阶段的结束。

二级建造：二级建造是构件在工地工厂加工的过程，因为不同项目性质的区别，有的项目并没有工地工厂，而直接将采购或工厂预制的构件安装到了工位，也就没有理论上的二级建造过程。二级建造结束则意味着构件在工地工厂加工阶段的结束。

一级建造：一级建造是构件最初始的加工阶段，其操作工序是在工厂预制或采购形成用以运输至工地的二级构件，因为预制工厂和工地通常有一段距离，所以预制好的构件要经过运输才能到达工地或工地工厂。运输件的尺寸、质量、稳定性等限制影响了建筑的工厂预制率。一级建造结束意味着构件在工厂预制阶段的结束。

表9-2　三级建造表

| 建造层级 | 操作现场 | 操作工序 | 目的 |
|---|---|---|---|
| 一级建造 | 工厂 | 包括构件的采购和粗加工，例如钢结构杆件的采购、钻孔、简单拼装等 | 为形成运输到工地工厂的构件 |
| 二级建造 | 工地工厂 | 包括构件的打包运输、工地工厂的加工和建造等 | 为形成吊装到工位的构件 |
| 三级建造 | 工位 | 包括构件吊装、定位，工位安装等 | 为形成建筑成品 |

（注：其中二级建造阶段视项目情况，有的项目可能没有）

### 9.2.2.2　3 个构件级别

在三级建造的每一个阶段，都有各自的操作对象，也都会产生各自的可交付成果。$n$ 级建造阶段所对应的 $n$ 级构件，既是本建造任务的操作对象，同时又是下一阶段建造任务的成果（图 9-5）。

图9-5　三级建造的操作对象和成果
图片来源：笔者自绘

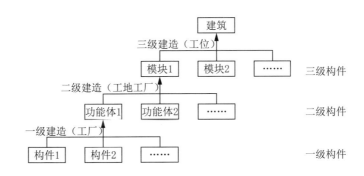

"一级构件"是用于"一级建造"的构件，由于它是用于工厂预制的，也可称为"工厂件"，一般是由工厂加工或采购而来的构件；"二级构件"是用于"二级建造"的构件，由于它是用于工地工厂加工的，也可称为"工地工厂件"；"三级构件"是用于"三级建造"的构件，由于它是用于工位安装的，也可称为"工位件"（表 9-3）。

表9-3　构件分级表

| 构件层级 | 装配层级 | 生产、加工地点 | 构件属性 | 举例 |
|---|---|---|---|---|
| 一级构件 | 用于"一级建造"的构件 | 工厂 | 散件 | 连接件、梁、柱等 |
| 二级构件 | 用于"二级建造"的构件 | 工地工厂 | 组合件 | 工地工厂加工的结构体等 |
| 三级构件 | 用于"三级建造"的构件 | 工位 | 模块 | 屋顶模块、主体模块等 |

（注：其中二级构件视项目情况，有的项目可能没有）

（1）三级构件

三级构件是二级构件在工地工厂进行加工后形成的模块或部品，因其是为吊装到工位形成建筑成品所形成的构件，故也可称为工位件。

（2）二级构件

二级构件是一级构件在工厂进行预制装配所形成的组合构件，因其是为运输到工地工厂进行加工所形成的构件，故也可称为工地工厂件。

与三级装配同理，并不是所有项目都有实际存在的二级构件，因为很多项目并没有二级建造（即工地工厂）过程，而是直接在工位上进行散件装配的。但由于一级构件数量庞大，为了方便统计和管理，即使没有实际的二级装配过程，一般也将二级构件表达出来。

（3）一级构件

一级构件是一级建造的操作对象，是建造过程中的最小装配单元，相当于工业生产中的"零件"，但并不是所有的"零件"都是一级构件。这是由于建筑大多体量庞大、构件繁多，如果一级构件的数量不加控制，就会因构件数量过多，而导致不必要的信息膨胀和工作量增加。因此采购来的原料或生产得到的标准构件，需要经过工厂预制加工，形成建造时的最小装配单元，才能称为"一级构件"。

### 9.2.3 构件分解结构

构件分解结构是将横向和纵向分解结合起来，形成矩阵式的分解结构（表9-4）。如前文中强调的那样，构件的分解根据不同的项目特点、分解目的而有多种方式。因此如表9-4所示的分解结构只是理论上的，落实到具体构件上，有多种分解方式，应根据项目需要灵活选择分解依据。

表9-4 构件分解结构表

| 构件分类 | 建筑 | 三级构件 | 二级构件 | 一级构件 |
|---|---|---|---|---|
| 结构功能体 | | | | |
| 围护功能体 | | | | |
| 内装功能体 | | | | |
| 设备功能体 | | | | |

需要注意的是，"构件"并不是只针对装配式的轻型结构建筑而言的，而是代表了各类建筑中相对独立的各组成部分。文中所提到的"构件"概念在以湿作业为主的重型建筑中仍然适用，比如某钢筋混凝土建筑由屋顶工程、主体工程、基础工程3个部分构成，这3部分就是该建筑的3个"模块"；在某一个模块，如主体模块中，有结构工程、围护工程、内装工程、设备工程4个分项，那么这4个分项就是"主体模块"中的4个"功能体"；在某一个功能体，如结构体中，又分为墙、板、梁、柱等基本构件，那么这些构件就是"主体结构体"中的"构件"。

为说明这一点，这里将轻型建筑和重型建筑的构件分解结构各举一例。轻型建筑以"梦想居"为例（表9-5、图9-6左），重型建筑以"忆徽堂"为例（表9-6、图9-6右）。

图9-6 轻型建筑"梦想居"和重型建筑"忆徽堂"
图片来源：笔者自摄

表9-5 轻型建筑"梦想居"构件分解结构表

| 建筑 | 三级构件 | | 二级构件 | 一级构件 |
|---|---|---|---|---|
| "梦想居" | 基础模块 | | 基础结构体 | 混凝土块 |
| | | | | 可调支座 |
| | | | | 地梁 |
| | | | | 滑轨 |
| | 主体模块 | A1 | 主体结构体 | 型材 |
| | | | | 连接件 |
| | | | 主体围护体 | 铝板 |
| | | | | 门窗 |
| | | | | 连接件 |
| | | | | 木方 |
| | | | | 地板 |
| | | | 主体内装体 | 铝板 |
| | | | | 连接件 |
| | | | 主体设备体 | 顶灯 |
| | | | 连接件 | |
| | | A2/A3/A4 | 同上（略） | |
| | 连廊模块 | | 连廊结构体 | 型材 |
| | | | | 连接件 |
| | | | 连廊围护体 | 门 |
| | | | | 窗 |
| | | | 连廊设备体 | 遮阳百叶 |
| | 屋顶模块 | A1 | 屋顶结构体 | 型材 |
| | | | | 斜拉 |
| | | | | 连接件 |
| | | | 屋顶围护体 | 铝板 |
| | | | | 连接件 |
| | | | 屋顶内装体 | 铝板 |
| | | | | 连接件 |
| | | | 连接件 | |
| | | A2/A3/A4 | 同上（略） | |
| | 功能模块 | | 污水处理 | 污水处理设备 |
| | | | 智能化 | 新风系统 |
| | | | | 净水系统 |
| | | | | 空调系统 |
| | | | 家具 | 桌 |
| | | | | 椅 |
| | 连接件 | | | |

表9-6　重型建筑"忆徽堂"构件分解结构表

| 建筑 | 三级构件 | 二级构件 | 一级构件 |
|---|---|---|---|
| "忆徽堂" | 结构功能体 | 基础模块 | 基脚构件 |
| | | 框架模块 | 柱构件 |
| | | | 梁构件 |
| | | | 板构件 |
| | | 钢结构模块 | 型材构件 |
| | | | 连接件 |
| | 围护功能体 | 外墙模块 | 预制外墙板1 |
| | | | 预制外墙板2 |
| | | | 预制外墙板3 |
| | | | 墙顶装饰构件 |
| | | 门窗模块 | 门构件 |
| | | | 窗构件 |
| | 内装功能体 | 内分隔模块 | 预制内墙板 |
| | | | 门构件 |
| | | 配件模块 | 栏杆扶手构件 |
| | 设备功能体 | 太阳能模块 | 太阳能架 |
| | | | 太阳能电池板 |
| | | 拔风天井 | 钢框架 |
| | | | 可开启窗扇 |
| | | 阳光房 | 钢框架 |
| | | | 可开启窗扇 |

　　比较实际工程的分解结构（表9-5，表9-6）和理论上的分解结构（表9-4），不难发现三者略有不同："梦想居"是对二级构件进行功能体分解，即在模块内部拆分为功能体；"忆徽堂"则是对三级构件进行功能体分解，即在模块层面拆分为功能体，这是根据项目的实际情况形成的不同分解方式。由此可见，分解结构在实际应用中是可以根据项目情况做出灵活调整的，而没有一定之规。

## 9.3　构件命名和统计

　　上文阐述了构件分解（分类和分级）是为了建立横向和纵向分解矩阵，形成构件分解结构表，从而分类、分级地提取出构件所携带的各类信息，方便制订运输、采购、成本等各项建造计划。因此，构件的命名要求不仅要体现每一个构件自身的信息，还要能体现出它们的分级、分类关系，这样才能进行分类、分级的构件信息统计。

　　要注意的是，这里所说的统计，不仅仅指统计构件的数量，也包括统计构件所携带的各类信息，例如成本、工时、物料、机具、人员等。构件分类统计反映的是与某功能模块相关的各类信息；构件分级统计反映的是与某建造阶段相关的各类信息。

由"梦想居"的构件分解结构表（表 9-5）不难看出，同一种构件经常属于两个不同的层级或两个不同的类别。

（1）同一构件属于不同分级：例如某一连接件，有可能是用于连接两根杆件的，属于一级构件；有可能是用于连接两个功能体的，属于二级构件；也有可能是用于连接两个模块的，属于三级构件。

（2）同一构件属于不同分类：例如某一连接件，有可能用于结构构件之间的连接，属于结构构件；有可能用于围护构件之间的连接，属于围护构件。

表 9-7 是某轻型铝合金结构住宅中连接件 A 的统计表，这个例子里，我们仅仅关注数目这一个信息，其他的信息亦与此同理。

表9-7 某轻型铝合金结构住宅中连接件A的统计表

| 连接件 A | 信息编号 | 构件分级 | 构件分类 | 建造工序 | 工时 | 现场 | 数目 |
|---|---|---|---|---|---|---|---|
| | ① | 一级构件 | 主体模块结构体 | 铝型材连接 | 4 月 25 日 | 工厂 | 20 |
| | ② | | 屋顶模块结构体 | 铝型材连接 | 4 月 28 日 | | 24 |
| | ③ | 二级构件 | 主体模块 | 结构体与围护体之间连接 | 5 月 15 日 | 工地工厂 | 10 |
| | ④ | 三级构件 | | 屋顶模块与主体模块连接 | 5 月 18 日 | 工位 | 8 |
| | ⑤ | 汇总 | | | | | 62 |

由表 9-7 可知，在上例的整个工程项目中，如不计折损，一共需要准备 62 个连接件 A，并且会在 4 个工序中用到：4 月 25 日在工厂进行主体模块结构体预制时，需要 20 个；4 月 28 日在工厂进行屋顶模块结构体预制时，需要 24 个；5 月 15 日在工地工厂进行主体模块加工时需要 10 个；5 月 18 日在工位进行屋顶吊装连接时需要 8 个。可见，要想反映建造的各个阶段的各项工序的工程信息，不仅要统计构件的总数目，还必须清晰地区分不同层级、不同功能模块的构件。这就需要用到构件命名和统计的方法。

### 9.3.1 构件的命名

#### 9.3.1.1 一级构件命名规则

为区分开上文所述的不同建造层级和不同功能分类，一级构件命名采取三段命名方式，前两段为检索名，最后一段为构件名。一般命名形式如下：

"模块名 A—功能体名 B—构件名 C"

其中：A 表示功能体上属的模块名，如"主体""屋顶"等；

B 表示构件上属的功能体名，如"结构体""围护体"等；

C 表示构件名。

构件名 C 是构件本身的名称，需要反映构件最易识别的特征，如类型、尺寸等，构件名的一般形式如下：

"构件名 C = 构件类型 D（规格 x）n"

其中：D 表示构件类型，例如"外墙板""顶灯""60 方管"等。

x 表示构件规格尺寸，同一类型的构件可能有不同的规格尺寸。例如，"60 方管（1 000）""60 方管（2 000）"分别表示"长度为 1 m 的 60 方管"和"长度为 2 m 的 60 方管"；

n 表示构件的子类，同一规格的同种构件也可能互有不同，例如同样是"长度为 1 m 的 60 方管"，预留开孔的位置不同，就不是同一个构件，因此用子类 n 加以区分。例如，"60 方管（2 000）1""60 方管（2 000）2"，表示两种开孔方式不同的"长度为 2 m 的 60 方管"。

综上，一级构件的一般命名方式为：

"模块名 A—功能体名 B—构件类型 D（规格 x）n"

表示 A 模块中 B 功能体下属的规格为 x 的第 *n* 种 D 类构件。

例如，"主体—结构体—60 方管（1 000）1"表示从属于主体结构体的长度为 1 m 的 60 方管构件中的一种类型的构件。

#### 9.3.1.2 二级、三级构件命名规则

上文所述的是一级构件的命名方式，但不是所有构件都有上属的功能体和模块，例如三级构件的名称只有 1 段，二级构件的名称只有 2 段。二级、三级构件的命名与一级构件命名原理相同，而且更为简单。因为不同模块、不同功能体之间的差异一般很大，故不需要以规格区分，直接以类型 n 区分即可。例如，两个一级构件都是"60 方管"，主要特征非常相似，就必须以长度区分；而两个二级构件如"结构体"和"围护体"差异较大，不需要以规格区分。

表 9-8 是不同层级构件的命名方式及举例：

表9-8 构件名称和分级的对应关系

| 构件层级 | 检索名 | 构件名 | 示例 |
|---|---|---|---|
| 三级构件 | | 模块名 An | 主体 1 |
| 二级构件 | 模块名 An— | 功能体名 Bn | 主体 1—结构体 2 |
| 一级构件 | 模块名 An—功能体名 Bn— | 构件类型 D（规格 x）n | 主体 1—结构体 2—60 方管（1 000）1 |

### 9.3.2 构件的统计

为避免歧义，首先需要指出，构件统计与一般所指的"数量统计"的概

念是不同的。"构件统计"所指的不仅是数量上的统计，还包括对构件所携带的各类其他信息的汇总。

#### 9.3.2.1 汇总信息统计

构件命名后，进行构件汇总信息的统计就变得非常轻松，例如，若想得到各构件在工程项目中的总数目，只需检索所需构件的构件名即可。如检索"主体"，即得出三级构件"主体"模块的数量；检索"主体 – 结构体"即得出二级构件"主体结构体"数量；检索"60方管（1000）"得出的是一级构件"长为1 m的60方管"数量。

#### 9.3.2.2 分类、分级信息统计

在实际工程中，简单地统计汇总信息往往是不能满足要求的，更多时候，我们不止需要知道整个工程项目中某种构件的总数量；还需要知道某模块、某功能体中的数量，这时候就需要用到检索名。通过灵活地使用检索名，可以得到各类和各级构件的汇总信息（表9-9）。

现在我们可以回过头来看看表9-7中的构件信息是如何统计出来的。

统计"连接件A"得到的是整个工程项目中连接件A的汇总信息，即表9-7中编号为⑤的信息。

统计"结构体"+"连接件A"得到的是结构体（包括主体模块和屋顶模块的结构体）中连接件A的分类、分级信息，即表9-7中编号为①＋②的信息。

统计"主体"+"连接件A"，得到的是主体模块中连接件A的分类、分级信息，即表9-7中编号为③的信息。

统计"主体"+"结构体"+"连接件A"得到的是主体结构体中连接件A的分类、分级信息，即表9-7中编号为①的信息。

表9-9　检索词与统计信息的对应关系示例

| 检索词 | 统计信息 |
| --- | --- |
| "连接件A" | 整个工程项目中连接件A的汇总信息 |
| "结构体"+"连接件A" | 结构体中连接件A的分类、分级信息 |
| "主体"+"连接件A" | 主体模块中连接件A的分类、分级信息 |
| "主体"+"结构体"+"连接件A" | 主体结构体中连接件A的分类、分级信息 |

## 9.4　构件信息集成

### 9.4.1　构件中包含的信息

前文介绍了构件的分解、命名和统计方法，目的是要对构件中所包含的信息进行集成处理，再分类、分级地提取出来，这个过程是对构件所代表的建筑物质实体的模拟，模拟得越真实越详细，对工程项目的控制就越精细越准

确。然而，建筑的物质实体所包含的信息是海量的，全部模拟出来既不可能也不必要，本节所研究的内容，就是找出与建筑工程协同直接相关的构件信息，作为建筑信息集成的操作对象——对应于3个工程阶段，构件所包含的信息被分为3类，分别是设计信息、建造信息和运维信息，每类下又设子类。下面对每类信息进行具体说明。

### 9.4.1.1　设计信息

设计信息是与建筑的设计直接相关的信息，即反映构件设计的内容，包括特征信息和工艺信息两类。其中特征信息反映构件的几何特征、设计方案、整体布局等；工艺信息反映构件的物质构成。

不同层级的构件，其特征信息的具体内容有所区别。例如，一级构件的设计信息即为构件的三视图、轴测图，反映构件的几何特征（尺寸、角度、弧度等）；二级构件的设计信息为构件的分项设计图（包括结构、围护、内装、设备设计图等），反映每个功能体的设计方案；三级构件的设计信息包括模块的平立剖图、轴测图；建筑的特征信息包括建筑的设计图、效果图，反映建筑构思、功能分区、布局方式、模块分布等。

同理，工艺信息也对应不同构件层级呈现出差异性。例如，一级构件是最小的装配单元，不可再行分解，因此其工艺信息只反映其生产加工原料；而二级和三级构件是由其所包含的次级构件组装而成的，故其在反映自身特征的同时，还要反映各次级构件的装配关系和工艺过程，即该构件的分解结构表。

各级构件的设计信息如表9-10所示。

表9-10　构件设计信息表

| 构件层级 | 设计信息 | |
| --- | --- | --- |
| | 特征信息 | 工艺信息 |
| 建筑 | 建筑设计图、效果图 | 模块分解表 |
| 三级构件 | 模块平立剖图、轴测图 | 功能体分解表 |
| 二级构件 | 分项设计图（结构、围护、内装、设备设计图等） | 构件分解表 |
| 一级构件 | 构件三视图、轴测图 | 原料分解表 |

### 9.4.1.2　建造信息

建造信息反映的是与建造活动直接相关的信息。它不仅要体现建筑工程的各项具体工序，还要反映每个工序过程需控制的各项要素，如现场、人员、机具、物料、工时等。

其中工序信息反映建造活动中的各项具体任务，其他的建造信息都与工序相对应；现场信息反映建造现场（工厂／工地工厂／工位）的情况，通常以现场模拟的形式呈现，包括建造定位、物料堆放、机具布置、工地工厂布置等；

人员信息包括负责该工序的厂家和具体工人人数、负责人等；机具包括每道工序使用的各类机具；物料信息为该工序的物料清单；工时信息反映建造工期安排。

与设计信息一样，建造信息也因构件层级的不同而有所差异。以现场信息为例，建筑的现场信息反映的是现场的状况，包括设计条件勘察（景观、环境、道路、高差等）和建造条件勘察（承载力、运输、施工可行性）；三级构件的现场信息反映的是对工位的现场模拟，包括模块定位图和现场布置图（反映现场的物料堆放、机具位置）等；二级构件的现场信息反映的则是对工地工厂的现场模拟，包括工地工厂布置图等；一级构件的现场信息反映的是对加工工厂的现场模拟，包括构件的加工流水线和堆放图等。

各级构件的建造信息如表 9-11 所示。

表9-11　构件建造信息表

| 构件层级 | 建造信息 | | | | | |
| --- | --- | --- | --- | --- | --- | --- |
| | 工序信息 | 现场信息 | 人员信息 | 机具信息 | 物料信息 | 工时信息 |
| 建筑 | 建筑建造工序 | 设计条件勘察、建造条件勘察 | 人员安排表 | 机具安排表 | 模块分解表 | 工时安排表 |
| 三级构件 | 模块建造工序 | 三级建造现场模拟 | | | 功能体分解表 | |
| 二级构件 | 功能体加工工序 | 二级建造现场模拟 | | | 构件分解表 | |
| 一级构件 | 构件生产工序 | 一级建造现场模拟 | | | 原料分解表 | |

### 9.4.1.3　运维信息

运维信息对应建筑工程的运维阶段，反映的是交付、使用、回收再利用过程中的各项信息。其中，交付信息主要是随建筑一并交付给使用者的建筑使用说明书，在说明书中应详细说明建筑所有可维修、可更换的构件，尤其是对于整体化的模块和部品，如整体厨卫、设备等，应注明产业联盟所规定的该构件责任企业，以避免出现使用问题却找不到责任方的局面；使用信息主要是使用者回访记录和维修记录，如果在后期使用中发现某构件经常损坏，或常遭到使用者投诉，说明该构件的设计存在问题，需要改进或淘汰，有利于积累设计经验、升级和完善构件库；回收信息反映建筑使用期满，面临拆除或改造时，对建筑构件的评估和回收再利用计划。

各级构件的运维信息如表 9-12 所示。

表9-12　构件运维信息表

| 构件层级 | 运维信息 | | |
| --- | --- | --- | --- |
| | 交付信息 | 使用信息 | 回收信息 |
| 建筑 | 建筑说明书、构件责任方清单 | 使用者回访和维修记录 | 构件评估和回收再利用计划 |
| 三级构件 | 模块说明书 | | |
| 二级构件 | 功能体说明书 | | |
| 一级构件 | 构件或设备说明书 | | |

## 9.4.2　构件信息卡

将每个构件所包含的四类信息进行汇总，就形成了每个构件的"构件信息卡"。构件信息卡是对每个构件所包含信息的分类汇总，因此对于不同层级的构件，其构件信息卡中包含的具体内容有所不同。构件信息卡分为4层级，每个层级的构件信息卡示例如表9-13至表9-16所示。

表9-13　建筑信息卡示例

| 构件名称 | 建筑信息卡 | | | | | | | | | | |
| | 设计信息 | | 建造信息 | | | | | | 运维信息 | | |
| | 特征信息 | 工艺信息 | 现场信息 | 工序信息 | 人员信息 | 机具信息 | 工时信息 | 物料信息 | 交付信息 | 维护信息 | 回收信息 |
| 建筑 | 建筑图 | 三级构件表 | 三级建造模拟 | 三级建造工序 | 分步人员 | 分步机具 | 分步工时 | 分步物料 | 建筑说明书 | 建筑维修记录 | 建筑评估及回收计划 |

表9-14　三级构件信息卡示例

| 构件名称 | 三级构件信息卡 | | | | | | | | | | |
| | 设计信息 | | 建造信息 | | | | | | 运维信息 | | |
| | 特征信息 | 工艺信息 | 现场信息 | 工序信息 | 人员信息 | 机具信息 | 工时信息 | 物料信息 | 交付信息 | 维护信息 | 回收信息 |
| XX模块 | 三级构件图 | 二级构件表 | 二级建造模拟 | 二级建造工序 | 分步人员 | 分步机具 | 分步工时 | 分步物料 | 三级构件说明书 | 三级构件维修记录 | 三级构件评估及回收计划 |

表9-15　二级构件信息卡示例

| 构件名称 | 二级构件信息卡 | | | | | | | | | | |
| | 设计信息 | | 建造信息 | | | | | | 运维信息 | | |
| | 特征信息 | 工艺信息 | 现场信息 | 工序信息 | 人员信息 | 机具信息 | 工时信息 | 物料信息 | 交付信息 | 维护信息 | 回收信息 |
| XX功能体 | 二级构件图 | 一级构件表 | 一级建造模拟 | 一级建造工序 | 分步人员 | 分步机具 | 分步工时 | 分步物料 | 二级构件说明书 | 二级构件维修记录 | 二级构件评估及回收计划 |

表9-16　一级构件信息卡示例

| 构件名称 | 一级构件信息卡 | | | | | | | | | | |
| | 设计信息 | | 建造信息 | | | | | | 运维信息 | | |
| | 特征信息 | 工艺信息 | 现场信息 | 工序信息 | 人员信息 | 机具信息 | 工时信息 | 物料信息 | 交付信息 | 维护信息 | 回收信息 |
| XX构件 | 一级构件图 | 原料表 | 构件加工模拟 | 构件加工工序 | 分步人员 | 分步机具 | 分步工时 | 分步物料 | 一级构件说明书 | 一级构件维修记录 | 一级构件评估及回收计划 |

## 9.4.3　构件信息表

构件信息表是对构件信息卡的集成汇总，是将建筑工程项目所有构件信息汇总处理后得到的一套图纸化的表格系统。

由9.1.1节我们知道，构件之间存在着包含关系，并且这种包含关系是客观固定的。因此构件信息卡之间也存在与构件实际的包含关系相对应的嵌套关系。例如，建筑由若干个三级构件组成，每个三级构件由若干个二级构件组成，每个二级构件又由若干个一级构件组成——将这种嵌套关系反映出来，就形成了图9-7中左侧的层级式结构。

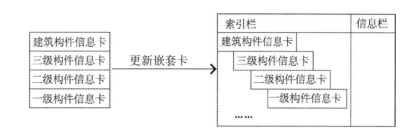

**图9-7　由构件信息卡得出的构件信息表**

图片来源：笔者自绘

由此得出的构件信息表是对项目所有构件信息的汇总处理，是一套表格化的图纸系统。其框架和内容如表9-17所示。

表9-17　构件信息表

| 构件分解结构 | 构件信息表 | | | | | | | | | | |
| --- | --- | --- | --- | --- | --- | --- | --- | --- | --- | --- | --- |
| | 设计信息 | | 建造信息 | | | | | | 运维信息 | | |
| | 特征信息 | 工艺信息 | 现场 | 工序 | 人员 | 机具 | 工时 | 物料 | 交付信息 | 维护信息 | 回收 |
| 汇总信息 | 建筑图汇总 | 构件统计汇总 | 建造模拟汇总 | 工序汇总 | 人员汇总 | 机具汇总 | 工时汇总 | 物料汇总 | 建筑说明书 | 维修记录汇总 | 评估汇总 |
| 建筑 | 建筑图 | 三级构件表 | 三级建造模拟 | 三级建造工序 | 分步人员 | 分步机具 | 分步工时 | 分步物料 | 建筑说明书 | 维修记录 | 建筑评估 |
| 　三级构件 | 三级构件图 | 二级构件表 | 二级建造模拟 | 二级建造工序 | 分步人员 | 分步机具 | 分步工时 | 分步物料 | 三级构件说明书 | 三级构件维修记录 | 三级构件评估 |
| 　　二级构件 | 二级构件图 | 一级构件表 | 一级建造模拟 | 一级建造工序 | 分步人员 | 分步机具 | 分步工时 | 分步物料 | 二级构件说明书 | 二级构件维修记录 | 二级构件评估 |
| 　　　一级构件 | 一级构件图 | 原料表 | 加工模拟 | 加工采购计划 | 分步人员 | 分步机具 | 分步工时 | 分步物料 | 一级构件说明书 | 一级构件维修记录 | 一级构件评估 |
| 　　　…… | | | | | | | | | | | |
| 　　…… | | | | | | | | | | | |
| 　…… | | | | | | | | | | | |

### 9.4.4　构件库

构件库是由多个建筑工程项目的构件信息表所形成的可调用的集成资料库。

建筑工程构件繁多，如果在设计时对每个构件都进行构件信息集成，形成完整的构件信息卡，那一次性投入的工作量就非常大。解决这一问题的方法是建立"构件库"，其必要性体现在以下三方面：

1.构件库是重要的设计工具

我们知道，优秀的设计人员的创造性不在于其能"发明"多少种新的构件，而在于能够用尽可能少的构件种类设计出市场需要的新产品，因此完善的构件库是设计的重要工具。设计人员可以方便地调用大量可使用的零部件和模块，只需在创新性的关键部件上花更多力气即可。

2.构件库减轻了设计人员的工作量

设计人员可以直接从构件库中调用已有的构件信息，而不必进行重复的构件信息录入；利用构件库，设计人员可以重复使用现有的设计方案，同样的构件不用再进行重新设计，遇到相似的零件只需要少量修改即可。从长远上看，使用构件库比传统方法更能提高效率，减轻工作量。

3.构件库可以完善和修正构件信息

从构件库中调用的信息经过实际应用中的摸索，会更为准确和全面。例如，如果在使用运维过程中发现某一个构件经常发生故障，就说明该构件的设计或生产存在问题，再次使用的时候就可以进行针对性的改进，或者避免选择这一构件，这样也提高了建筑的设计和建造质量。

4.构件库可以形成可调用、可迁移的设计经验

共享构件库的所有人员，也都共享构件库中的构件设计经验。设计人员之间可以更有效地分享设计信息。即使后续项目的设计人员发生变动，只要调用之前项目的构件库，就共享了之前的设计人员所积累的经验，让设计经验得以在不同项目、不同人员之间传递。

由 9.4.1~9.4.4 节的讨论，我们可以总结，构件信息集成就是通过构件信息卡和构件信息表，对建筑工程所需控制的信息进行集成、处理，再利用统计方法进行分类分级地提取的过程。

具体来说，就是在设计阶段，所有的项目参与方进行协同设计，充分考虑项目的各类信息，共同完善构件信息表；在建造阶段，各参与方对建造所需的信息进行调用，用调用的信息指导具体建造；在运维阶段，是对信息的补充、整理过程，用以充实和完善构件库，为下一个工程项目做好准备。

不难看出，构件信息集成的思想与 BIM 思想异曲同工，然而二者亦有差异之处。二者之间的关系将在下一节中详述。

## 9.5 构件信息集成的工具——BIM 技术

### 9.5.1 BIM 技术的特点

BIM 是"建筑信息模型"的简称，这个概念由美国佐治亚理工学院建筑与计算机专业的查克·伊斯曼（Chuck Eastman）博士提出："建筑信息模型集成了所有的几何模型信息、功能要求和构件性能，将一个建筑项目整个生命周期内的所有信息整合到一个单独的建筑模型中，而且还包括建造进度、建造过程、运维管理过程等信息。"

BIM 技术具有两个突出的特点，即集成化和构件化。

1.集成化

BIM 同时也是一个集成化的平台,这里所说的"集成"包含 3 方面的含义：一是信息的集成，各参与方和各工程阶段的信息可以汇总在这个平台上，从而实现信息的即时共享，减少了因信息传递导致的错误、遗漏和迟滞；二是功能的集成，BIM 技术除了具备传统辅助设计软件的绘图功能之外，还集成了结构分析、性能分析、工程算量、绿色评价、碰撞检查等多种功能，让以往因

专业不同而不得不使用不同软件的各参与方得以在同一平台上共同工作；三是视图的集成，BIM 技术不仅可以提供方案设计前期所需要的三维视图，也可以提供精细化设计时所需的二维视图，并能保持同步更改，大大减轻了设计人员的工作量，也保障了各阶段在同一平台上进行。

2. 构件化

正如 9.1.3 节所描述的那样，构件不只是图纸中用来表达几何尺寸的线条和数据，而是包含各类信息的、真实存在的物质实体。相比于传统绘图软件，在 BIM 应用系统中，建筑构件被对象化，即通过一系列参数去描述和代表真实的建筑构件。这些参数的目的是尽量真实地模拟建筑的物质实体，模拟得越准确、完整，对建筑工程的控制就越精细和全面。

### 9.5.2　BIM 技术与构件信息集成的关系

在本书 6.1.2 节，曾提及 BIM 技术的作用被过高地估计，一些人认为"使用 BIM 技术就等于协同"，然而 BIM 技术其实只是一种现阶段较为理想的协同工具，而并不等于"协同"本身。因此，仅仅通过 BIM 技术的应用，是无法从根本上解决协同问题的；要想从根本上实现协同，还需要一种指导性的工作模式和方法，让协同工具充分发挥作用。

本书所研究的，正是这样一种新型的协同模式，该模式以构件为核心，以构件信息集成为基本方法。同时，BIM 技术集成化和构件化的特点，使之成为实现构件信息集成方法的理想工具。

1. 集成化特点与构件信息集成

一方面，BIM 技术的集成化特点使之形成了一个"构件信息平台"，各方不必再进行不同软件和文件格式的切换，而采用同一个工具进行操作，各方的操作成果也集成在同一个模型上，用以连接参与建筑工程的各参与方。各参与方可在 BIM 平台上进行信息汇总，分工合作完成构件信息卡的信息完善。例如，构件信息卡的设计信息主要由设计方负责完善，建造信息主要由建造方负责完善，运维信息则主要由运维方负责完善，并且都需要其他各方的共同辅助，这样每一个构件信息卡的完善过程，就是各方将自己所负责的信息汇总到 BIM 平台的过程。各参与方在此过程中，实现了信息的传递和沟通，从而达到协同（图 9-8）。

2. 构件化特点与构件信息集成

BIM 建模软件与其他工程绘图软件的最大区别在于，BIM 软件通过各项参数对真实的构件进行模拟，而不仅仅表达构件的几何信息，从而能涵盖设计、建造、

图9-8　BIM技术实现了各阶段和各参与方的集成

运维各个阶段的各类信息，因此，实现了以统一的信息载体"建筑构件"进行协同，让 BIM 技术成为构件信息集成方法实现的理想工具。

### 9.5.3 运用 BIM 技术实现构件信息集成

在具体操作上，BIM 技术是构件信息集成这一方法的具体实施工具，因此 BIM 技术中的概念与构件信息集成方法中的概念可以相互对应。常用的 BIM 软件有 Revit，Bentley，ArchiCAD，Digital Project 等，这里以 Revit 软件为例，其中"构件"对应 Revit 中的"族（Family）"；某一构件所包含的"构件信息"，对应某一"族"所具有的"族属性"。构件信息汇集形成的"构件信息表"，对应于"项目文件（Revit Project）"，文件类型为 rvt.；每个构件的"构件信息卡"，对应于"族文件（Revit Family）"，文件类型为 rfa.。由构件信息表所导出的各类"统计信息"与 Revit"明细表"相对应（图 9-9）。

同理，建筑工程的各阶段也可与 BIM 技术中的各项操作相对应（图 9-10）。协同设计阶段对应于 BIM 的信息集成：利用参数化设计和性能模拟等各种功能，可提高建筑性能和设计质量，有助于及时优化方案、量化设计成果、实现绿色建筑设计；利用 BIM 技术的 3D 可视化技术，可提高业主、设计方、施工方等单位的沟通效率，帮助准确理解各方意图，提前分析施工工艺和技术难度，降低图纸修改率，逐步消除设计变更，有助于施工阶段的绿色施工。协同建造阶段对应于 BIM 的信息提取，可应用 BIM 进行构件信息查询，从而导出相应的施工组织计划和工程图纸，实现工序管理、物料管理、进度管理、施工现场模拟等多项控制。协同运维阶段对应于 BIM 的信息维护，可应用 BIM 进行族库建设、能耗管理、质量控制、租赁管理、垂直交通管理、车库管理、设备运行和控制、安保管理、防火管理等。

在实际应用中，要根据"构件信息集成"方法的特殊性，注意两个方面的问题，以 Revit 软件的操作为例：

（1）应根据 9.4.1 节所确定的信息类别（设计信息、建造信息、运维信息）自定义"族属性"

Revit 针对每类族设置有系统默认

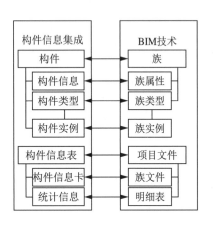

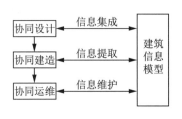

**图9-9 构件信息集成方法与 BIM技术的对应关系（以Revit软件为例）（左）**
图片来源：笔者自绘
**图9-10 建筑工程各阶段与BIM技术的对应关系（右）**
图片来源：笔者自绘

的族属性，例如，系统族"墙"的默认族属性如图 9-11（a）所示，为了使它符合构件信息的分类，可在"项目参数"中进行更改，增加和删除一些属性类别，如图 9-11 中（b）所示。例如，向系统族"墙"中添加建造信息，物料、人员、工时、现场、工序、机具 6 类信息，得到的族属性如图 9-11（c）所示。这样，"族属性"与"信息类别"就相互对应起来。

（2）应根据 9.3.1 节所提出的构件命名方法确定构件名称

构件之间存在嵌套关系，即"族"之间存在包含关系。例如，某三级构件 A 是由 5 个二级构件 a，b，c，d，e 组成的，那么 A 实际上应该定义为"由 a，b，c，d，e 这 5 个构件所组成的构件组"。这种关系在 Sketchup 中是通过"组件（Group）"体现出来的，如图 9-12 所示的是二级构件"屋顶围护体"的 Sketchup 模型，该构件所包含的次级构件如图中左侧的列表所示。这样就体现出了构件之间的层级关系和从属关系，因此构件的级别已经体现在了"组件"嵌套关系上，构件命名时就无须再添加表达从属关系的检索名，直接用

（a）

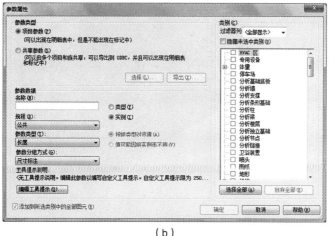

（b）

（c）

**图9-11　自定义构件信息类别示例**

图片来源：笔者截图操作界面

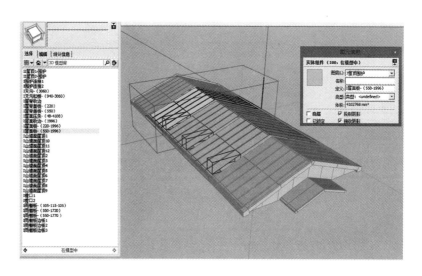

**图9-12　Sketchup中"组件"的嵌套关系**

图片来源：笔者自绘

构件名即可。

而目前在 Revit 软件中，并没有"组件"这个概念，即"族"与"族"之间都是平行关系，也就无法形成树状结构来直观地表现出"族"之间的从属关系。因此必须根据三段命名方法来设置检索名和构件名，否则就无法区分构件的分级和分类。

### 9.5.4 应用案例

本节以重型建筑"忆徽堂"作为应用案例建立 Revit 模型。在 9.2.3 节中，以"忆徽堂"为例进行了构件分解，目的是说明本书所述的构件分解方法对于以湿作业为主的重型建筑也同样适用。"忆徽堂"的构件分解结构见表 9–6 重型建筑"忆徽堂"构件分解结构表，现在在此基础上建立"忆徽堂"项目的 Revit 模型（图 9–13）。

建立 Revit 模型后，可进行汇总信息和分类分级信息的提取。例如可以提取汇总信息得出完整的物料清单，如图 9–14；亦可在明细表中通过构件检索名，对某级、某类构件进行搜索，方便快捷地获取分级分类构件信息。例如可以得出项目中所有结构构件的统计表，如图 9–15。

图9-13 "忆徽堂"Revit模型
图片来源：笔者自绘

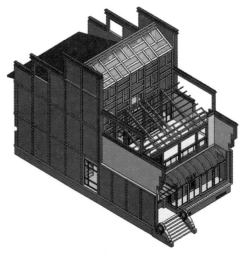

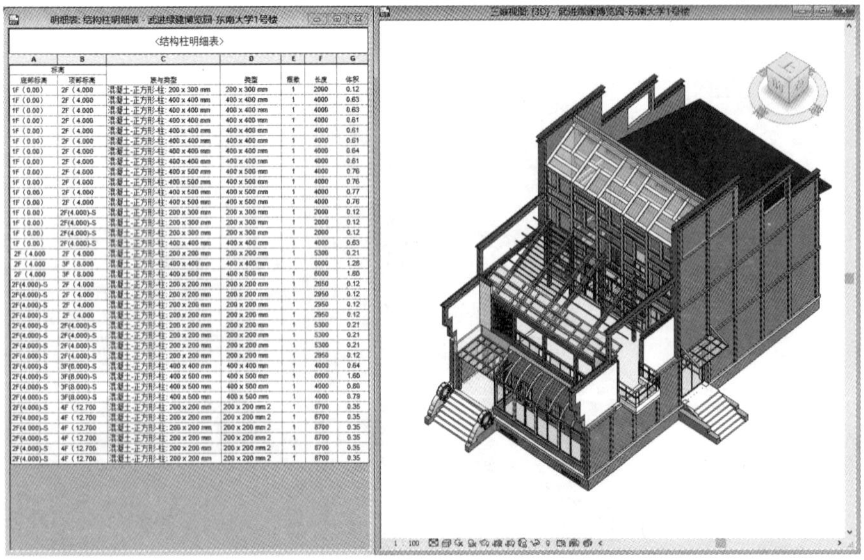

图9-14 "忆徽堂"项目汇总信息的提取
图片来源：笔者自绘

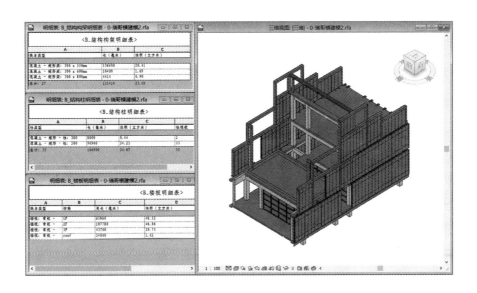

图9-15　"忆徽堂"分类信息的提取

图片来源：笔者自绘

## 9.6　本章小结

如前文所述，建筑工程协同模式的核心是各参与方在各工程阶段的信息协同。如何有效地将建筑工程中的大量、庞杂的信息进行集中处理，是本章需要研究的问题。

本章提出基于构件的建筑工程协同方法——"构件信息集成"，这一方法以"建筑构件"为信息载体。"构件"是"系统中实际存在的可更换部分"，"建筑构件"是建筑的基本组成部分，理论上说，建筑的每一个组成部分都可称作是该建筑的一个构件。构件具有可分解性、独立组合性、物质实体性的特点。

针对其可分解性，对构件进行横向和纵向两个层面上的分解，分解所形成的矩阵称为"构件分解结构"。

（1）横向分解依据构件的功能，目的是让相同功能的构件组合在一起，形成集成化的功能模块，方便进行独立预制和整体组装——对应4种构件功能，形成4个功能模块（结构体、围护体、内装体、设备体）。

（2）纵向分解依据构件的建造层级，目的是使构件层级与建造阶段对应起来，以实现分阶段，分工序的人、机、料、工时等工程项目控制——对应3个建造阶段（一级建造、二级建造、三级建造），形成3个构件层级（一级构件、二级构件、三级构件）。

针对其独立组合性，提出构件的命名、统计方法（这里的"统计"不仅指数量上的统计，还指构件所携带的其他各类信息的提取）。构件按照三段命名方式，前两段为检索名，最后一段为构件名，统计时根据需要设置不同的检索词，即可分级、分类地提取出构件所携带的信息。

针对其物质实体性，设计了涵盖建筑工程中需要控制的各类信息的"构件信息表"。信息表将构件所包含的信息分为3类（设计信息、建造信息、运维信息），每类下又有子类，并设置了扩展信息栏，从而实现了构件信息的可视化集成。

构件信息集成之所以是实现建筑工程协同的方法，是因为建筑最终要以物质的形式存在，建筑各参与方所做的各项工作，都要围绕建筑的物质实体而展开。与建筑营造活动相关的各项信息，也都会在构件上得以体现，因此通过对这些"构件信息表"中信息的分类、分级提取，可以对各工程各要素进行分模块、分阶段的控制，从而实现全过程中的信息协同，从而达到工程阶段协同。

本章同时提出，BIM 技术是构件信息集成这一方法的实现工具，构件信息集成是用于指导 BIM 技术的具体实施的方法，并以在"忆徽堂"项目的应用作为实际案例，说明 BIM 技术是构件信息集成这一方法的具体实施工具（图9-16）。构件信息集成指导 BIM 技术的具体实施，例如，构件信息集成的方法确定在什么工程阶段、应由哪一方输入或提取什么信息，BIM 技术则是这一过程的具体操作工具。作为协同模式实现的方法和工具，构件信息集成和BIM 是相互促进，共同发展的。

至此，我们可以总结，建筑工程协同模式本质上是各参与方在产业联盟的组织形式下，以构件作为信息载体，进行信息协同的过程。落实到具体的操作层面，产业联盟之所以能把各参与方组织起来，是通过协同利益分配实现的；构件之所以能协调各阶段的信息，是通过协同设计、协同建造、协同运维实现的。由此得出协同模式的具体操作，这四个协同将在第 10 章中详细说明。

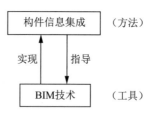

图9-16　BIM技术与构件信息集成的关系

图片来源：笔者自绘

# 第 10 章 基于构件的建筑工程协同流程

## 10.1 四个协同

前面我们的分析都是方法层面的分析，落实到具体的操作层面，产业联盟对各企业的组织，是通过协同利益分配实现的；构件对各工程阶段的协调，是通过协同设计、协同建造、协同运维实现的（图 10-1）。各参与方之所以能通过产业联盟协同到一起完成工程任务，最根本的原因是为了获得各自期望的利益。因此，协同利益分配是使各参与方形成产业联盟，共同完成协同任务的前提；各工程阶段又可以细分为设计、建造、运维三个阶段。每一个阶段都要求产业联盟中的各方共同参与，以构件作为通用的信息载体，实现信息的沟通。

因此，从操作层面上说，协同模式的四个内容是：协同设计、协同建造、协同运维和协同利益分配。其中，协同利益分配贯穿建筑工程的全阶段，是协同的前提；协同设计、协同建造和协同运维是协同的过程，其相互关系如图 10-2 所示。

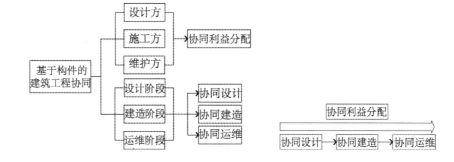

**图10-1 建筑工程协同模式的流程图解（左）**
图片来源：笔者自绘
**图10-2 四个协同的关系（右）**
图片来源：笔者自绘

## 10.2 协同设计

### 10.2.1 构件化的协同设计方法

早在 1980 年，日本学者金高庆三在其著作《建筑生产及施工管理》中就预言道：建筑工程无论规模大小，都必须以工业化的观点观察时，则会影响建筑设计的应有方式。可以预料，建筑设计将不得不向比现在更高的工业化设计方向发展。随着对精细化建造的要求日盛一日，建筑设计也将改变自身的传统方式，由"串行"向"并行"发展。

设计阶段是工程项目中最为关键的阶段，在这个阶段中将决定整个项目实施方案，确定整个项目信息的组成，对工程招标、设备采购、施工管理、运营运维后续阶段具有决定性的影响。协同设计的根本目的就是要提高项目设计的效率和质量，强化前期决策的及时性和准确度，减少后续施工期间的沟通障碍和返工，保障建设周期，降低项目总投资。

传统的设计流程总是先进行建筑设计，到初步设计甚至施工图时才与结构和水暖电专业进行配合，并在此时对方案不符合要求的部分做出变更（图10-3）。这一设计流程有3方面问题：

一是设计参与方局限于设计人员，而未能得到建筑工程各参与方的协助。设计人员只能根据自己的专业知识和所掌握的部分信息进行设计，自然也就难以做

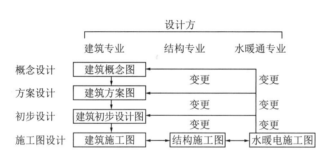

图10-3 传统设计流程
图片来源：笔者自绘

出准确、全面的判断；二是设计与建造的脱节，由于专业的分工，设计人员对建造的了解和考虑少之又少，这种阶段之间的脱节是施工阶段进行设计变更的根源；三是设计后期与前期的脱节，由于在设计前期无法掌握设计所需的全部信息，随着设计的深入，这些信息被了解时已经滞后于设计进程了，此时对设计进行修改，甚至推倒重来，在错误的设计方向上所做的深入工作就浪费了。问题发现得越晚，造成的损失就越大，弥补起来也就越困难。

这3方面问题，从根本上讲是因为设计人员未能在各个设计阶段准确、全面地掌握其所需要的全部信息。因此，本书提出的基于构件的协同设计方法从3个方面解决这一问题：一是各方共同参与；二是面向建造的设计；三是依据构件的层级逐级深入的设计（图10-4）。基于构件的协同设计方法要求参与协同的各参与方共同参与到设计中来，设计时不仅要考虑建筑设计阶段本身，也要考虑建造阶段的各项问题；同时还应依据构件层级逐级深入地进行设计，在每一个构件层面充分考虑设计和建造因素，尽量避免设计前期考虑不周导致的后期变更。

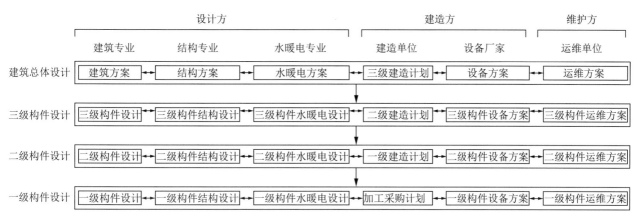

**图10-4　基于构件的协同设计流程**

图片来源：笔者自绘

#### 10.2.1.1　各方共同参与的设计

区别于传统的由设计人员"包办"的设计思路，协同设计要求设计方、施工方、业主方的全部企业共同参与，一起补充完善构件信息表内的各项内容。这样就克服了设计人员的专业局限性，充分发挥了参与协同各方的专业知识。

各方共同参与的前提是形成基于构件的产业联盟，从而使各企业为自己所提供的构件的全生命周期负责。各方共同参与无疑加大了配合的难度和成本，因为各方不仅需要关注与自己直接相关的阶段，还要参与和自己不直接相关的阶段，如建造方需要参与设计阶段，然而如果意识到设计阶段对于建造阶段的决定性影响，就会发现前期的充分协同是非常必要的。各方共同参与的 4 个优点在于：①克服了设计人员考虑问题的知识和经验的局限性、主观片面性，不仅仅局限于自己这一个行业领域，而是关注生产、工艺、设备、制造、检验、供应、销售等各个阶段和领域；②让信息更有效地传递，消除误解，方便及时跟进最新的项目信息，集思广益更快地发现问题，即时咨询专业人士，找出更好的对策；③有利于激发团队的创造性和凝聚力；④各方都从全项目阶段的参与中学习了新的知识和技能。

#### 10.2.1.2　面向建造的设计

建筑设计从根本上说是为了建造，而传统的协同模式，往往将设计和建造当成两个割裂的阶段，设计人员完成建筑设计和施工图设计之后，建造人员据图进行施工。然而设计人员对建造既缺乏重视，也缺乏了解，导致很多设计不当的问题要到施工开始之后才被发现，此时不得不面临"一边施工一边改方案"的尴尬境地。

协同设计则要求设计人员在设计阶段就充分考虑后续施工的各项条件和要求，避免施工开始之后再进行设计变更。因此，协同设计归根到底是面向建造的设计。

因此，在设计时不仅需要关注构件的设计信息，也要关注建造信息。设计完成不仅意味着构件设计信息的完善，也意味着建造信息的完善。因此，协同设计的每一个阶段都可以分为建筑设计和建造设计两部分。

在每一个设计阶段，建筑设计完成后，要进行建造设计，如果符合建造要求，则可以进入下一设计阶段；如果不符合建造要求，则要对建筑设计进行修正，直至符合建造要求（图 10-5）。

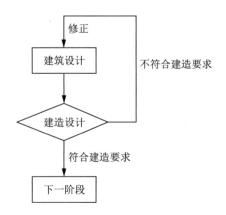

图10-5　协同设计的每一阶段都包含建筑设计与建造设计两部分
图片来源：笔者自绘

### 10.2.1.3　依据构件层级逐级深入的设计

我们知道，进行建筑设计时，总是从最宏观的层面入手，再慢慢深入具体细节之中。例如，设计总是从概念、规划、整体布局开始，然后进行方案细化，最后进行施工图和详图等细部设计。这样的设计流程有助于把握正确的设计方向，避免盲目深化，从而将变更控制在一定的范围内。

但在实际操作中，仍然经常有到了施工图阶段还在改方案的现象。例如，设计前期对场地的建造条件没有进行深入了解，在设计后期甚至开始施工时，才发现设计方向上的缺陷导致方案在建造上不可行，此时再进行变更就变得非常困难。

逐级深入的设计方法建立在构件化思维的基础上，如果没有构件化的思维，也就无从对设计的层级进行划分，更无从逐级深入地进行设计。逐级深入的设计方法有以下 4 个好处：

①在每个设计层面，充分收集和整合各方所需的所有相关信息，而不是只以设计人员所需的部分信息作为设计依据，避免信息不对称带来的判断错误；②齐头并进地推动方案，而不是有的部分已经进入施工图阶段了，有的部分还在初步设计阶段，导致各部分割裂开，不能通盘考虑；③与项目各参与方进行及时交流和讨论，克服设计人员的专业局限性，同时也有利于激发团队的参与度和创造性；④在每一个设计层面进行全面的设计检查，及早发现问题，而不是等深化设计完成后再进行设计检查，有助于始终保持设计方向的正确，将变更限制在可控范围内，减少不必要的工作量。

9.2 节中我们已经讲到，构件被分为 3 个层级："三级构件"是在工位安装或浇筑的装配单元，通常是集成的模块或部品，如屋顶模块、主体模块等；"二级构件"是从工厂运输到工地工厂进行加工的组合装配单元，通常是集成的功能模块，如钢结构框架、整体卫浴等；"一级构件"是采购或由工厂预制

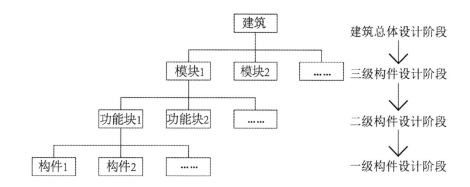

**图10-6　依据构件层级逐级深入的设计流程**

图片来源：笔者自绘

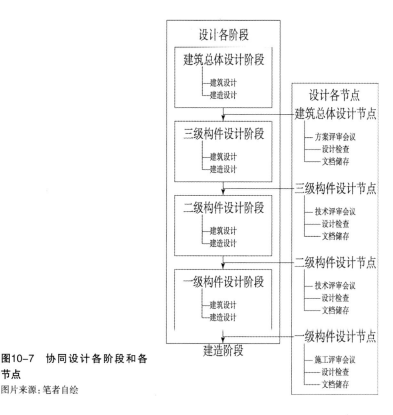

**图10-7　协同设计各阶段和各节点**

图片来源：笔者自绘

的最小装配单元，通常是单个的散件，如连接件、杆件等。

与此相对应的是设计的 4 个阶段，依次是"建筑总体设计阶段""三级构件设计阶段""二级构件设计阶段""一级构件设计阶段"（图 10-6）。每一个设计阶段关注的是不同尺度上的问题：建筑总体设计阶段关注最为宏观的建筑概念、总体布局等问题；三级构件设计阶段关注模块设计问题；二级构件设计阶段关注结构体、围护体、内装体、设备体等功能体的设计问题；一级构件设计阶段关注最具体的构件选型和设计问题。

因此，基于构件的协同设计，就是依据构件的层级进行逐级深入的设计。它有两个核心内容：一是在每一级构件设计阶段以构件为载体，对每个设计层面信息进行全面、准确的整合，完善"构件信息卡"，最大限度地消除信息不对称的现象；二是在每个设计节点与各参与企业充分协同，通过共同评审，及早发现问题（图 10-7）。

10.2.2 节将重点说明协同设计的 4 个阶段，10.2.3 节将重点说明协同设计的 4 个节点。

## 10.2.2　协同设计的各阶段

前一节根据构件的层级划分出了 4 个设计阶段，在每个阶段，都有其具体的设计内容，如表 10-1 所示：

表10-1 四个设计阶段的设计内容

| 设计阶段 | 建筑设计 | | 建造设计 | | | | | |
|---|---|---|---|---|---|---|---|---|
| | 特征设计 | 工艺设计 | 工序 | 现场 | 人员 | 机具 | 物料 | 工时 |
| 建筑总体设计阶段 | 概念设计 | 模块分解 | 三级建造计划 | | | | | |
| 三级构件设计阶段 | 模块设计 | 功能体分解 | 二级建造计划 | | | | | |
| 二级构件设计阶段 | 功能体设计 | 构件分解 | 一级建造计划 | | | | | |
| 一级构件设计阶段 | 构件设计 | 原料分解 | 加工采购计划 | | | | | |

建筑整体设计阶段考虑建筑层面的设计问题，其主要任务是根据任务书要求和场地条件研究分析满足建筑功能和性能的总体方案，提出空间架构设想、创意表达形式及结构方式的初步解决方法等，为项目设计后续若干阶段的工作提供依据及指导性的文件，对项目总体方案进行初步评价、优化和确定，并对建筑进行模块分解。

三级构件设计阶段考虑三级构件（模块）层面的设计问题，其主要任务是对模块的尺寸、功能、布局等进行设计，并对模块进行功能体分解。

二级构件设计阶段考虑二级构件（功能体）层面的设计问题，其主要任务是确定各功能体的具体设计，例如确定各设备体的设计、尺寸、材料。如确定结构、水、电、设备方案等，并对功能体进行构件分解。

一级构件设计阶段考虑一级构件（构件）层面的设计问题，其主要任务是确定具体的构件选型和设计，例如针对关键构件设计、选型、容差等；在原料层面，要确定构件的加工工艺，例如采购方式、原料、生产流水线等，并对构件进行原料分解。

为更清晰地阐述各设计阶段，本章以轻型钢结构房屋"梦想居"的设计过程为例进行详细说明。

#### 10.2.2.1 建筑总体设计阶段

建筑总体设计阶段的主要任务是要根据任务书要求和场地条件对建筑的概念构思、设计出发点进行把握，对模块布局、功能分解、流线划分进行总体考虑。建筑总体设计阶段分为两部分——总体建筑设计和总体建造设计，设计任务和相应的参与方如表10-2所示。

表10-2 建筑总体设计阶段的具体设计任务

| 建筑总体设计 | 建筑设计 | | 建造设计 | | | | | |
|---|---|---|---|---|---|---|---|---|
| | 特征设计 | 工艺设计 | 工序 | 现场 | 人员 | 机具 | 物料 | 工时 |
| 设计任务 | ①建筑设计条件（业主方/设计方） | | ④现场建造条件（建造方/设计方） | | | | | |
| | ②概念设计（设计方） | ③模块分解（设计方） | ⑤三级建造计划（建造方/设计方） | | | | | |
| 设计成果 | 建筑概念图/概念模型（设计方） | 三级构件表（设计方） | 三级建造计划（建造方/设计方） | | | | | |

1. 总体建筑设计

• 建筑设计条件

建筑设计条件（表10-2中①）包括两方面内容：一是场地条件，二是设计要求。设计要求和场地条件是设计概念产生的重要依据，具体内容如表10-3所示：

表10-3 建筑设计条件

| 建筑设计条件 | | 具体任务 | 负责参与方 |
|---|---|---|---|
| 设计要求 | | 设计任务书、项目策划方案、相关政策法规等 | 业主方 |
| 场地条件 | 物理环境 | 气候、风向、风速、采光、通风等 | 设计方 |
| | 交通环境 | 周边道路、人车流线、出入口等 | |
| | 人文环境 | 历史文脉、文物古迹、传统、文化等 | |
| | 景观环境 | 基地尺寸、位置、高差、景观、树木、水域资源等 | |

设计要求由业主方提出，包括设计任务书、项目策划方案、相关政策法规等。主要反映项目性质、用途、形态、面积、基地、政策法规等各方面要求。

场地条件由设计方通过实地勘察、问卷调查、资料收集等途径得到，包括物理环境、交通环境、人文环境和景观环境。

以"梦想居"项目为例，分析其建筑设计条件如表10-4所示：

表10-4 "梦想居"建筑设计条件

| 设计要求 | | "梦想居"位于江苏省常州市绿色建筑展览园内，是为绿色建筑展览所做的示范项目业主方要求建筑充分发挥工业化建造优势，集合绿色建筑技术，设计出兼具居住、展览、公共活动、会议等多种功能的轻型钢结构房屋；建筑面积可自由控制，考虑园区总体面貌，层数不超过3层 |
|---|---|---|
| 场地条件 | 物理环境 | 常州市属于冬冷夏热地区，水网密集，地势平缓；风向：亚热带季风（夏季东南风，冬季西北风）；设计时应注意夏季隔热，冬季保温 |
| | 人文环境 | 依园区要求，考虑中国传统文化 |
| | 交通环境 | 基地南、西、北三面临水，仅能从东面进入；园区有停车场，不必考虑基地停车 |
| | 景观环境 | 基地接近正方形，边长40 m左右，三面临水，地势平坦，四面景观皆良好 |

• 概念设计

了解了建筑设计条件后，就可以进行概念设计（表10-2中②），概念设计方案由设计方根据业主方提出的设计要求和现场设计条件确定。概念设计的主要内容如表10-5所示：

表10-5 概念设计内容

| 概念构思 | 方案的出发点：空间、氛围、策略、构造等 |
|---|---|
| 功能分区 | 对各项使用功能进行合理排布 |
| 流线规划 | 对人、车流线进行规划 |
| 建筑布局 | 对建筑的体量、排列方式进行规划 |

概念构思是建筑设计的出发点，虽然建筑设计的具体操作往往是由宏观到微观的，但设计的出发点却不总是如此。概念设计与建筑师的设计方法和

具体项目情况密切相关。有时是一种氛围，有时是一种策略，有时甚至是某
种细部构造。

例如，"梦想居"的基本概念是"适合中国家庭的轻型住宅"，在这一概
念的指导下进行设计，初步确定采用传统的坡顶形式和四合院式空间布局。
四个模块分东南西北四面，围合出传统的院落空间。为方便展示，在四个模
块之间以一圈廊道相连接，同时兼具缓冲人流、保温隔热的作用。基地西、南、
北三面皆临水，主出入口只能设置在东侧，可在入口处形成大型舞台，以引
导和疏散人流，并在展览期间举办各种活动（图 10-8）。

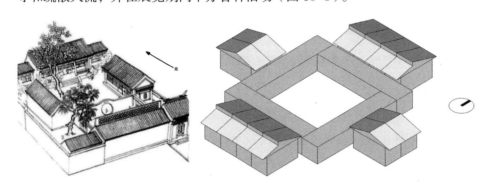

图10-8 "梦想居"以四合院为
基本概念
图片来源：笔者自绘

• 模块分解

确定概念构思后，即可进行功能、流线的设计，进而确定该建筑布局，
从而进行模块分解（表 10-2 中③）。模块分解是把建筑分解为各模块的过程，
目的是为了将建筑分解为各分项工程，并行地设计和建造。一般而言，一个
模块单独为一个体量，也对应着一个基本功能。例如，商业综合体的地下模
块对应车库功能、裙房模块对应集聚性商业功能、塔楼模块对应住宅功能等。
因此，建筑的基本布局确定后，模块分解也就明朗了。

例如，依据"梦想居"的设计概念，将建筑分解为 6 个模块，即 4 个居
住模块（由东侧起逆时针命名为 A、B、C、D）和将它们联系起来的基础模块
和廊道模块。功能分解则是南北两侧的是大空间，分别为可灵活使用的公共
空间模块和老年人住宅模块；东西两侧为小空间，分别是青年公寓模块和应
急救灾模块；中间的廊道模块夏季充当敞廊，冬季充当阳光房。

表10-6 "梦想居"模块分解表

| 模块划分 | 模块名称 | 位置 | 功能 | 数量 |
|---|---|---|---|---|
| | 基础模块 | 基础 | 基础 | 1 |
| | 连廊模块 | 连廊 | 连廊、阳光房 | 1 |
| | 模块 A | 东侧 | 青年公寓模块 | 2 |
| | 模块 B | 南侧 | 老年人住宅模块 | 4 |
| | 模块 C | 西侧 | 应急救灾模块 | 2 |
| | 模块 D | 北侧 | 公共空间模块 | 4 |

2. 总体建造设计

• 现场建造条件

现场建造条件（表 10-2 中④），即现场的土质情况、道路情况、机具使用、物料堆放等的综合考量，用于确定概念方案的可行性，由建造方提供。具体内容如表 10-7 所示：

表10-7　现场建造条件

| 施工条件 | 场地坡度、承载力 |
|---|---|
| 机具条件 | 主要是大型起重机具的使用条件 |
| 堆放条件 | 现场物料堆场条件 |
| 运输条件 | 现场公路运输条件，车辆可通行性 |

确定表中建造条件后，要对三级构件建筑设计所拟定的方案进行初步的建造设计，主要考查施工的可行性和便捷性。仍然以"梦想居"为例说明如下：

表10-8　"梦想居"现场建造条件表

| 施工条件 | 场地无坡度<br>土壤承载力良好 | |
|---|---|---|
| 机具条件 | 吊车规格：25t 汽车吊，吊臂长：约 15 m | |
| 堆放条件 | 现场物料堆放计划 | |
| 运输条件 | 道路情况良好<br>场地只能从东侧进出（右图箭头为车行流线） | |

由表 10-8 可知，"梦想居"基地三面临水，仅有东侧一面可进出基地。这就决定了建造活动必须从西向东开展，即在完成基础模块装配后，先装配西侧最靠内的 C 模块，再装配南北的 B、D 模块，最后装配东侧紧邻出入口的 A 模块。因为建筑屋顶均有一定的出檐，必须在周围的屋顶模块装配之前，廊道才能吊装进去，因此屋顶与主体应分开装配。

接着考虑吊机使用的可操作性，预估汽车吊规格为 25t，吊臂约 15 m 左右，随吊臂伸长，起重量减小。建筑轮廓尺寸约 30 m×30 m，故吊机并不能覆盖整个建筑（吊机与建筑轮廓的关系如表 10-8 中第二行所示），只有吊机放在正中间，吊臂才能覆盖建筑轮廓。可见装配过程应该是先装配西北两侧的基础模块（即基础 EF），再装配西北两侧主体（即主体 C、D），然后装配西北两侧连廊（即连廊 E、F），再装配西北两侧屋顶（即屋顶 C、D），这样就完成了西北两侧的建筑装配；在装配东西两侧时，先装配东西侧基础（基础 GH），再装配东西侧连廊（连廊 G、H），然后装配东西侧主体（即主体 A、B），最后装配东西侧屋顶（屋顶 A、B），各模块吊装顺序见图 10-9 "梦想居"模块吊装顺序现场模拟。可见施工条件决定了施工顺序，施工顺序又决定了模块的分解方式。

显然，在三级构件建筑设计时并没有考虑到廊道吊装的问题，因此，模

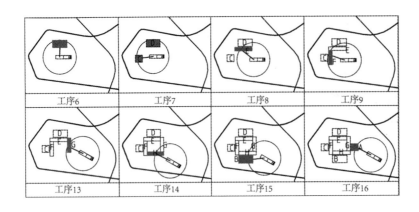

图10-9 "梦想居"模块吊装顺序现场模拟
图片来源：笔者自绘

块的分解方式也需要相应做出修改。原先分为6个模块（表10-6），每个模块是由屋顶和主体合并在一起形成的，而建造顺序确定后，主体要先行装配，再装配屋顶，所以模块分解时，不能把屋顶和主体作为一个整体，而要将原来的每一个模块都单独划分成2个——屋顶部分和主体部分；而原来作为整体的基础，也要相应划分为2个部分；连廊的形状不便整体吊装，故划分为4个模块，因此模块数量由原来的6个修正为14个。这一例子说明了建造设计对建筑设计起到了及时的修正作用。

表10-9 经建造设计修正后的"梦想居"模块分解表

| 模块划分 | | 模块名称 | 数量 | 模块位置 | 功能 |
|---|---|---|---|---|---|
| | 屋顶模块 | 基础模块（EF/GH） | 2 | 西北侧东南侧 | 基础 |
| | | 主体模块A | 1 | 东侧 | 青年公寓模块 |
| | | 主体模块B | 1 | 南侧 | 老年人住宅模块 |
| | | 主体模块C | 1 | 西侧 | 应急救灾模块 |
| | | 主体模块D | 1 | 北侧 | 公共空间模块 |
| | 主体模块连廊模块 | 连廊模块（E/F/G/H） | 4 | 北侧西侧南侧东侧 | 连廊、阳光房 |
| | | 屋顶模块A | 1 | 东侧 | 青年公寓模块 |
| | | 屋顶模块B | 1 | 南侧 | 老年人住宅模块 |
| | 基础模块 | 屋顶模块C | 1 | 西侧 | 应急救灾模块 |
| | | 屋顶模块D | 1 | 北侧 | 公共空间模块 |

• 三级建造计划

三级建造计划（表10-2中⑤）在总体设计方案和现场建造条件的基础上制定，是在工位实施的建造计划，包括三级建造现场模拟、工序、人员、机具、物料、工时等。这里仍然以"梦想居"为例，说明三级建造计划所包含的具体内容（表10-10）。

表10-10　"梦想居"三级建造计划

| | 三级装配工序 | 现场 | 人员 | 机具 | 物料 | | 工时 |
|---|---|---|---|---|---|---|---|
| 1 | 场地放线定位 | | 3 | 皮尺、钢钎、全站仪 | | | 0.5d |
| 2 | 三通一平与开挖 | | 5 | 挖土机 | | | 2d |
| 3 | 确定地基浇筑范围 | | 3 | 皮尺、钢卷尺 | | | 0.5d |
| 4 | 地基浇筑 | | 5 | 混凝土搅拌车、木模板 | 混凝土 | 1 | 5d |
| 5 | 基础模块 EF 装配 | | 7 | 电动扳手 | 基础模块 EF | 1 | 1d |
| 6 | 主体模块 D 装配 | | 5 | 25t 汽车吊、电动扳手 | 主体模块 D | 1 | 0.5d |
| 7 | 主体模块 C 装配 | | 5 | 25t 汽车吊、电动扳手 | 主体模块 C | 1 | 0.5d |
| 8 | 连廊模块 E 装配 | | 9 | 25t 汽车吊、电动扳手 | 连廊模块 E | 1 | 0.5d |
| 9 | 连廊模块 F 装配 | | 9 | 25t 汽车吊、电动扳手 | 连廊模块 F | 1 | 0.5d |
| 10 | 屋顶模块 D 装配 | | 5 | 25t 汽车吊、电动扳手 | 屋顶模块 D | 1 | 0.5d |
| 11 | 屋顶模块 C 装配 | | 5 | 25t 汽车吊、电动扳手 | 屋顶模块 C | 1 | 0.5d |
| 12 | 基础模块 GH 装配 | | 7 | 电动扳手 | 基础模块 GH | 1 | 1d |
| 13 | 连廊模块 G 装配 | | 9 | 25t 汽车吊、电动扳手 | 连廊模块 G | 1 | 0.5d |
| 14 | 连廊模块 H 装配 | | 9 | 25t 汽车吊、电动扳手 | 连廊模块 H | 1 | 0.5d |
| 15 | 主体模块 B 装配 | | 5 | 25t 汽车吊、电动扳手 | 主体模块 B | 1 | 0.5d |
| 16 | 主体模块 A 装配 | | 5 | 25t 汽车吊、电动扳手 | 主体模块 A | 1 | 0.5d |
| 17 | 屋顶模块 B 装配 | | 5 | 25t 汽车吊、电动扳手 | 屋顶模块 B | 1 | 0.5d |
| 18 | 屋顶模块 A 装配 | | 5 | 25t 汽车吊、电动扳手 | 屋顶模块 A | 1 | 2d |
| 19 | 缝处理 | | 7 | 电动扳手、打胶机 | 缝处理模块 | 1 | 1d |
| 20 | 环境处理 | | 5 | 电动扳手、电焊机 | 环境模块 | 1 | 1d |

（1）工序

三级建造工序是指在工位上施工的工序，主要是吊装、浇筑、安装等。三级建造的工序在很大程度上取决于吊装的顺序，吊装顺序又直接决定了模块划分，吊装过程的确定又在很大程度上受到场地建造条件的影响。

（2）现场

三级建造现场模拟，要表现物料堆放、装配定位、吊车位置、施工总平面等信息。通过可视化的表达便于直观地发现问题，可以采用施工平面图、三维建模，甚至动画演示来进行现场模拟。

（3）机具

现场所用的吊车初步估计为 25t 汽车吊，吊臂最长为 15 m。除基础模块外，其他模块的装配均要用到吊车。本例为轻型结构建筑，现场没有湿作业，因此只用电动扳手安装即可。

（4）物料

物料即每一工序的物料清单，本例中就是该步骤所安装的模块及相应的连接构件。

（5）工时

"梦想居"项目为实现快速、绿色施工，计划所有构件在工厂或工地工厂预制，工位上只进行简单组装即可。装配过程将每个工序拆分成为简单的小步骤，每个步骤约半天即可完成。总工时仅需1周。

由上述分析可知，在建筑总体设计阶段完成时，建筑信息卡的设计和建造信息也就填写完成了（表10-11）。

表10-11　建筑总体设计阶段完成时的建筑信息卡示例

| 构件名称 | 建筑信息卡 | | | | | | | | | |
|---|---|---|---|---|---|---|---|---|---|---|
| | 设计信息 | | 建造信息 | | | | | | 运维信息 | | |
| | 特征信息 | 工艺信息 | 现场信息 | 工序信息 | 人员信息 | 机具信息 | 工时信息 | 物料信息 | 交付信息 | 维护信息 | 回收信息 |
| 建筑 | 图10-8 | 表10-9 | 表10-10 | | | | | | | | |

#### 10.2.2.2　三级构件设计阶段

三级构件设计阶段，即模块设计阶段，考虑三级构件（如主体模块等）层面的设计问题，其主要任务是对模块进行设计和分解，确定模块的尺寸、功能，进行功能体分解等。三级构件设计阶段的设计条件是其上一级建筑设计和建造设计成果，即建筑总体设计阶段的建筑信息卡进行。设计任务和负责该任务的参与方如表10-12所示。

表10-12　三级构件设计阶段的设计任务和设计成果

| 三级构件设计 | 建筑设计 | | 建造设计 | | | | | |
|---|---|---|---|---|---|---|---|---|
| | 特征设计 | 工艺设计 | 工序 | 现场 | 人员 | 机具 | 物料 | 工时 |
| 设计任务 | ①模块设计（设计方） | ②功能体分解（设计方） | 二级建造计划（建造方/设计方） | | | | | |
| 设计成果 | 模块设计图/模型（设计方） | 二级构件表（设计方） | 二级建造计划（建造方/设计方） | | | | | |

1.三级构件建筑设计

· 模块设计

模块设计（表10-12中①）是对模块层面的构件进行建筑设计。一般一个模块是建筑中一个相对独立的部分，如裙房模块和塔楼模块、屋顶模块和主体模块等，设计时除考虑模块内的空间关系之外，还应考虑模块间的空间关系。

（1）模块内的空间关系

模块内的空间关系仍然从功能、流线、尺寸等基本设计要素入手，与通常的建筑设计方法类似，目的是提供舒适、实用、美观的使用空间。以"梦想居"的主体模块B为例说明。主体模块B是老年人住宅模块，设计的基本思路有两个方面：一是提供可灵活使用的大空间，方便在未来的使用中灵活划分；二是用可拆卸的轻质隔墙划分公共活动区与私密的卧室区两部分（图 10-10）。

（2）模块间的空间关系

模块间的空间关系，反映的是两个模块如何形成整体。模块之间的连接有多种方式，可以是整体式的，如整体浇筑，如图 10-11（a）所示，可以是独立式的，先单独装配，再处理交接部分，如图 10-11（b）所示。

整体式的空间关系多适合于体量不大的重型建筑，通过整体现浇的方式建造。独立式的空间关系适合于体量较大的重型建筑，通过沉降缝将各模块分开；也适合于轻型建筑，因为模块独立能将建筑分为自重较轻较小的几个部分，方便整体吊装和并行建造。

模块间的空间关系应根据项目的具体情况选取，例如，在"梦想居"的设计中，选择了如图 10-11（b）所示的空间关系，即将各模块独立开，再对

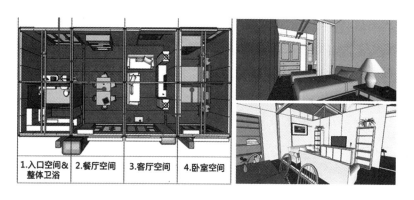

**图10-10　"梦想居"主体模块B模块内空间设计**
图片来源：笔者自绘

**图10-11　两种模块空间关系**
图片来源：笔者自绘

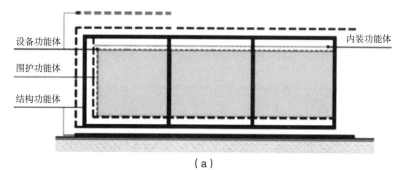

（a）

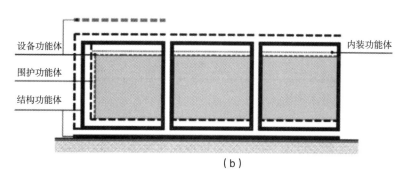

（b）

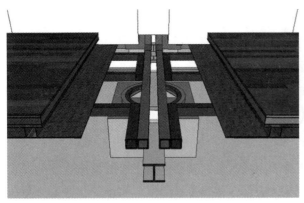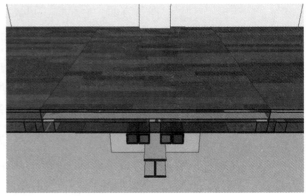

图10-12　模块间的接缝处理
图片来源：笔者自绘

连接缝做单独处理的方式，图10-12左侧是已装配好的两个相邻模块，相互之间是脱离开的，右侧是对二者之间接缝的处理，让两个独立的模块连成一体。

• 功能体分解

在建筑总体设计阶段，已经进行了模块拆分，在三级构件设计阶段的任务是在此基础上，对每个模块所含的功能体进行分解（表10-12中②）。

模块分解为各功能体的原则是让相同功能的构件组合在一起。这样做的目的是便于形成集成化的功能模块，方便进行独立预制和整体组装。这些相对独立的功能模块，在设计、生产、建造阶段都可以整体地由一个企业团队来负责，从而减少了与别的企业配合的工作量和对接的潜在风险，有利于协同效率的提高。

例如，在建筑总体设计阶段，将"梦想居"项目划分为14个模块，对每个模块都进行功能体分解。基本上每个模块都可以划分为4个功能体，即结构体、围护体、内装体和设备体。少数模块不是4个功能体都具备，比如基础模块只有结构功能体。这里只列出主体模块B的功能体分解，其余皆与此同理（表10-13）。

表10-13　"梦想居"功能体分解表

| 模块名称 | 数量 | 功能体分解 | 数量 |
|---|---|---|---|
| 主体模块B | 1 | 主体B结构体 | 4 |
| | | 主体B围护体 | 4 |
| | | 主体B内装体 | 4 |
| | | 主体B设备体 | 4 |

2. 三级构件建造设计

三级构件的建造过程，即二级建造过程。二级建造在工地工厂进行，之所以需要工地工厂，而不是在工厂完全预制好直接在现场装配，在一些情况下是因为公路运输尺寸的限制，完全预制好的模块，可能由于过重或过大而无法运输到工位；另一些情况下是由于某些构件在运输过程中容易变形或损坏，所以必须在工地上安装好直接吊装。相反，一些情况则无法进行工地工厂加工，可能是因为场地用地限制，没有空位可作为工地工厂；也有可能是场地承载力不够，无法使用大型起重机具，而必须直接在工位进行散件安装；还有可能是因为场地运输条件的限制，大型运输车辆无法到达，因此只能运输散件进场安装。总之，工地工厂建造（即二级建造）的过程，并不是每一个项目都有。这里先探讨有二级建造阶段的情况，在 11.3 节中将讨论没有二级建造的情况。

二级建造计划需要考虑的主要是工地工厂现场情况和模块的装配流程，以"梦想居"为例，由于该项目模块太多，只举其中一个模块为例——为保持与前文统一，此处只以主体模块 B 为例，其余皆与此同理。"主体模块 B"的二级建造计划如表 10-14 所示。

表10-14　"梦想居"主体模块B二级建造计划

| 二级建造工序 | 现场 | 人员 | 机具 | 物料 | | 工时 |
|---|---|---|---|---|---|---|
| 主体 B 结构体预制安装 | | 5 | 吊机 | 主体 B 结构体 | 4 | 0.5d |
| 主体 B 围护体装配 | | 5 | 电动扳手、打胶机 | 主体 B 围护体 | 4 | 2d |
| 主体 B 内装体装配 | | 9 | 电动扳手、打胶机、射钉机、电钻机 | 主体 B 内装体 | 4 | 2d |
| 主体 B 设备体装配 | | 9 | 电动扳手、打胶机、射钉机、电钻机 | 主体 B 设备体 | 4 | 1d |

由上述分析可知，在三级构件设计阶段完成时，建筑信息卡的设计和建造信息也就填写完成了（表 10-15）。

表10-15　三级构件设计阶段完成时的建筑信息卡示例

| 构件名称 | 三级构件信息卡 | | | | | | | | | | |
|---|---|---|---|---|---|---|---|---|---|---|---|
| | 设计信息 | | 建造信息 | | | | | | 运维信息 | | |
| | 特征信息 | 工艺信息 | 现场信息 | 工序信息 | 人员信息 | 机具信息 | 工时信息 | 物料信息 | 交付信息 | 维护信息 | 回收信息 |
| 主体模块 B | 图 10-10 | 表 10-13 | 表 10-14 | | | | | | | | |

#### 10.2.2.3  二级构件设计阶段

二级构件设计阶段，即功能体设计阶段，考虑二级构件（如主体结构体等）层面的设计问题，其主要任务是对各功能体进行设计和分解。二级构件设计阶段的设计条件是其上一级建筑设计和建造设计成果，即三级构件信息卡。设计任务和负责该任务的参与方如表10-16所示。

表10-16  二级构件设计阶段的设计任务和设计成果

| 二级构件设计 | 建筑设计 | | 建造设计 | | | | | |
|---|---|---|---|---|---|---|---|---|
| | 特征设计 | 工艺设计 | 工序 | 现场 | 人员 | 机具 | 物料 | 工时 |
| 设计任务 | ①功能体设计（设计方） | ②构件分解（设计方） | ③一级建造计划（建造方/设计方） | | | | | |
| 设计成果 | 功能体设计图/模型(设计方) | 一级构件表(设计方) | 一级建造计划（建造方/设计方） | | | | | |

1. 二级构件建筑设计

• 功能体设计

功能体设计（表10-16中①）时，其功能、尺寸、组合方式等都已在上一级设计中确定，此处应着重考虑功能体的具体设计、构件划分和连接方式。功能体建筑设计与模块建筑设计同理，除考虑功能体内部的空间关系之外，还应考虑功能体之间的空间关系。

（1）功能体内的空间关系

功能体一般是一些集成化的功能模块，由一个团队整体负责，如整体厨房作为一个功能体，由整体厨卫企业负责设计、生产、建造的全过程。整体厨卫企业以一级构件信息卡中的模块设计图为依据，得到其产品的大概尺寸和功能，据此进行细化设计。

此处以"梦想居"主体结构体为例，主体结构体是以主体模块的构件信息卡为依据，考虑模块尺寸、门窗位置等设计条件（图10-10），并在此基础上由结构设计人员和加工厂家共同设计的。要考虑结构形式的选取、连接方式等各项因素，最终确定的结构体设计如图10-13所示。

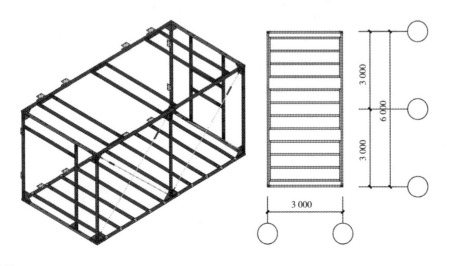

图10-13 "梦想居"主体结构体设计图

图片来源：笔者自绘

（2）功能体间的空间关系

以"梦想居"的主体模块为例，有2种可能的功能体关系，如图10-14所示。一种是通常的做法，将设备体隐藏在内装体内部，比如将管线隐藏在墙壁和吊顶中。另一种是将设备体与内装体独立开，直接暴露出来，比如管线露明的做法。

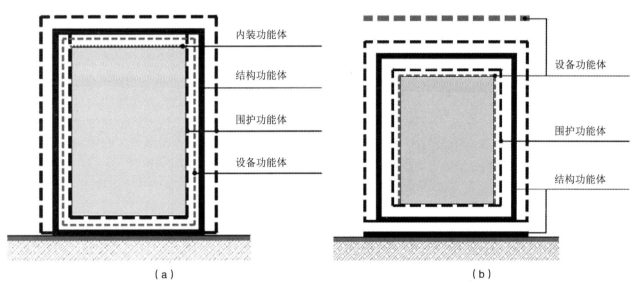

（a）　　　　　　　　　　　　　　（b）

**图10-14　两种功能体关系**
图片来源：笔者自绘

从设计方的角度考虑这两种做法，第一种将管线藏匿起来，空间更整齐纯粹，但从运维方的角度来看，这种做法不便于检查和维修，因为一旦隐藏在内装体内，就不再是独立的功能体，不能独立拆装、检修、更换，而是必须先拆除围护体，才能对设备体进行操作。因此选择了将设备体独立出来，与围护体脱离的做法。

在具体操作上，为保持室内的整洁，也为了延长管线的使用寿命，采用管线槽的设计，即围绕建筑一周设置金属槽盒，将管线全部汇集在槽盒中，这样在运维时就能用最简便、最高效的方法直接维修设备体，而不必受其他功能体的影响。

· 构件分解

构件分解（表10-16中②）是将功能体分解为一级构件的过程。一级构件是装配中的最小单元，往往也是最为繁杂、构件数目最多的层级，如果对构件数量不加控制，很容易导致信息过于繁杂，而不便于统计和协调。因此分解和设计一级构件时，尽量避免重复、冗余的构件变得至关重要。

此处以"梦想居"主体结构体为例，进行功能体分解。采用"框"代替"杆"的优化方式，即主体钢结构框架的构件划分，没有直接以杆件作为一级构件，而是将杆件组装而成的单片框架作为一级构件，这样，整个钢结构框架就成为只由 6 个单片框架构件和连接件组成，大大减少了构件数目和统计工作量。如表 10-17 所示，在这一个模块中，构件数量就由 42 减少到 24，减少了近一半的构件量。

表10-17  以"单片框架"和以"杆件"为一级构件的主体结构体构件分解表

| （a）以单片框架为一级构件 | | | （b）以杆件为一级构件 | | |
|---|---|---|---|---|---|
| | 构件名称 | 数量 | | 构件名称 | 数量 |
| | 单片框架 A | 2 | | 60 方管 –（2 740） | 2 |
| | | | | 60 方管 –（1 340） | 4 |
| | | | | 60 方管 –（2 880）–1 | 2 |
| | | | | 连接件 1 | 4 |
| | | | | 连接件 3 | 2 |
| | 单片框架 B | 2 | | 60 方管 –（2 880）–2 | 2 |
| | | | | 60 方管 –（6 000）–1 | 1 |
| | | | | 60 方管 –（6 000）–2 | 1 |
| | | | | 连接件 2 | 4 |
| | 角件 | 12 | | 角件 | 12 |
| | 目字形框 | 5 | | 目字形框 | 5 |
| | 口字形框 | 3 | | 口字形框 | 3 |
| | 总计 | 24 | | 总计 | 42 |

**2. 二级构件建造设计**

二级构件建造设计（表 10-16 中③）即一级建造过程，也就是散件在工厂加工为组合件的过程。一级建造是为生成用于运输到工地工厂或工位的构件，故二级构件建造设计应检查构件是否便于运输。便于运输有两方面含义：一是质量、尺寸不应超出道路运输限制；二是运输中应确保构件不发生变形和损坏。

（1）道路运输限制

我国道路运输限制如表 10-18 所示，如无特殊情况，构件尺寸应尽量满足在表中所示范围。

表10-18  道路运输限制

| | 长度 $a$/m | 宽度 $b$/m | 高度 $c$/m | 质量 $w$/t |
|---|---|---|---|---|
| 一级大型物件 | $14 \leq a < 20$ | $3.5 \leq b < 4.5$ | $3 \leq c < 3.8$ | $20 \leq w < 100$ |
| 二级大型物件 | $20 \leq a < 30$ | $4.5 \leq b < 5.5$ | $3.8 \leq c < 4.4$ | $100 \leq w < 200$ |
| 三级大型物件 | $30 \leq a < 40$ | $5.5 \leq b < 6$ | $4.4 \leq c < 5$ | $200 \leq w < 300$ |
| 四级大型物件 | $a \geq 40$ | $b \geq 6$ | $c \geq 5$ | $w \geq 300$ |

例如，"梦想居"在综合考虑了使用要求和道路运输限制后，确定了每一个装配单元尺寸为 3 m×3 m×6 m。因为 3 m 作为房间的开间非常合适，从平

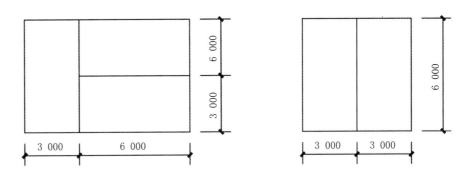

**图10-15　"梦想居"装配单元的组合**

图片来源：笔者自绘

面上看，长是宽的 2 倍也便于单元的灵活排布，同时不超出一级大型物件的运输标准（图 10-15）。

（2）运输过程中的稳定性

为确保运输过程中的稳定性，应充分考虑构件的运输方式。例如，"梦想居"采用了将结构体完全装配好再运往工地的运输方式，即装配成如图 10-13 所示的完整的结构体进行运输。由于结构稳定性不够，在运输过程中的不断颠簸已经造成了结构体节点松动、框架变形，而不得不在现场重新对结构体进行加固。为避免这一问题，应该将结构体拆分为"单片框架"，框架可平铺在货车底部。这样一方面可以叠放，节省了货车空间；另一方面不容易在运输过程中产生变形。此外，单片框架的质量较轻，仅靠人力搬运就可以卸货和装配，简化了施工机具和工序，而整个结构体则需要用小型吊机吊装。以上分析证明了表 10-17（a）所示的构件分解方法的合理性，说明这一建筑设计方案是符合建造设计要求的。

综上所述，"梦想居"主体结构体二级建造计划如表 10-19 所示。

表10-19　"梦想居"主体结构体二级建造计划

| 工序 | 现场 | 人员 | 机具 | 物料 | | 工时 |
|---|---|---|---|---|---|---|
| 结构体打包、运输 | | 5 | 运输车 | | | 2d |
| 结构体组装 | | 3 | 电动扳手 | 单片框架 A | 2 | 0.5d |
| | | | | 单片框架 B | 2 | 1d |
| | | | | 角件 | 3 | |
| 连接目字形框 | | 2 | 电动扳手 | 目字形框 | 5 | 0.5d |
| 连接口字形框 | | 2 | 电动扳手 | 口字形框 | 3 | 0.5d |

由上述分析可知，在二级构件设计阶段完成时，二级构件信息卡的设计和建造信息也就填写完成了（表 10-20）。

表10-20　二级构件设计阶段完成时的二级构件信息卡示例

| 构件名称 | 二级构件信息卡 | | | | | | | | | | |
|---|---|---|---|---|---|---|---|---|---|---|---|
| | 设计信息 | | 建造信息 | | | | | | 运维信息 | | |
| | 特征信息 | 工艺信息 | 现场信息 | 工序信息 | 人员信息 | 机具信息 | 工时信息 | 物料信息 | 交付信息 | 维护信息 | 回收信息 |
| 主体B结构体 | 图10-13 | 表10-17 | 表10-19 | | | | | | | | |

#### 10.2.2.4　一级构件设计阶段

一级构件设计目标是确定构件的设计和选型、确定工差，并确定构件加工采购计划。其设计任务和负责该任务的参与方如表10-21所示。

表10-21　一级构件设计阶段的设计任务和设计成果

| 一级构件设计 | 建筑设计 | | 建造设计 | | | | | |
|---|---|---|---|---|---|---|---|---|
| | 特征设计 | 工艺设计 | 工序 | 现场 | 人员 | 机具 | 物料 | 工时 |
| 设计任务 | ①构件设计和选型（设计方） | ②原料分解（设计方） | 加工采购计划（建造方/设计方） | | | | | |
| 设计成果 | 构件设计图/模型（设计方） | 原料表（设计方） | 加工采购计划（建造方/设计方） | | | | | |

1.一级构件建筑设计

· 构件设计和选型

构件设计和选型（表10-21中①）要考虑的4个最重要的因素是：构件材料选取、构件连接方式、构件数量控制及预留工差。

（1）构件材料选取

材料选取应根据功能和形式的需求而定，不同材料除提供不同的空间感之外，还满足了不同的建筑性能和设计可能性。

以"梦想居"为例，在其之前的轻型钢结构房屋建造过程中，都是以铝型材作为结构材料的，发现铝型材虽然自重轻，便于整体吊装，但结构强度不够，严重时甚至在运输过程中就已经发生了明显的变形，降低了结构强度。对比铝型材和钢材的各项特征（表10-22），考虑选用钢材。选用钢材后，强度提高，截面由80 mm×80 mm改为60 mm×60 mm，因此可用室内面积增大，同时造价也明显降低。

可见，材料的选取不仅影响建筑的美观性，也对性能起到决定性的作用，应在一级设计阶段加以考虑。

表10-22　钢材和铝型材的各项特征比较

| 特征 | 铝型材 | 钢材 |
|---|---|---|
| 强度 | 强度较低 | 强度较高，耐剪切应力大 |
| 质量 | 自重较轻 | 自重较重 |
| 截面 | 截面复杂，尺寸大 | 截面简单，尺寸小 |
| 经济 | 贵 | 便宜 |
| 连接方式 | 用专门的角件连接，节点近似铰接 | 型材打孔用螺栓连接，节点近似刚接 |
| | 对穿连接会导致铝型材强度剧烈降低 | 对穿连接不会明显改变强度 |

（2）构件连接方式

构件连接方式对功能体的强度、稳定性起着决定性的作用，构件连接方式的设计和选取应以简洁、可靠、造价低、易于建造、不影响其他构件为原则。以"梦想居"为例，轻型钢结构建筑中主要的节点构造如图 10-16 所示，"梦想居"所采用的是图 10-16 中（e）所示的翼板连接，目的是方便连接"斜拉构件"。但出现了与围护构件冲突的问题，因此该节点在其下一代产品"芦家巷"中被淘汰，采用了图中（b）所示的套管连接。

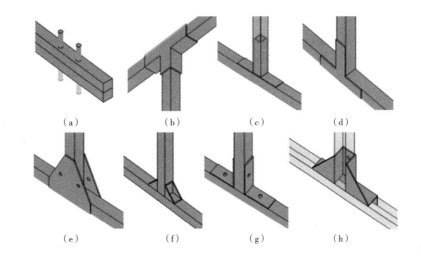

（a）　　　　　（b）　　　　　（c）　　　　　（d）

**图10-16　主要的结构构件连接方式**
图片来源：笔者自绘

（e）　　　　　（f）　　　　　（g）　　　　　（h）

（3）构件数量控制

构件设计要力求减少构件数目，相似、对称的构件要进行合并，如图 10-17 所示，构件呈镜像关系，应将之合并为一。

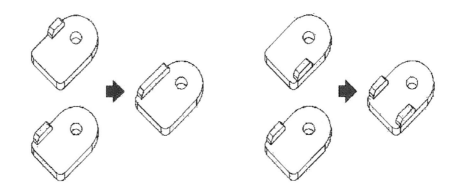

**图10-17　相似、对称的构件要进行合并**
图片来源：笔者自绘

（4）预留工差

一级构件设计过程中另一个重要内容就是工差设计。工差是"实际参数值的允许变动量"。制定公差的目的就是为了确定构件的几何参数，使其变动量在一定的范围之内，以便达到构件装配的要求。工差的设计体现了建造团队的建造水平，建造水平高的团队能将工差控制在很小的范围内，建造水平相对较低的团队则需要加大工差。

经过上述分析，构件的选型和设计就已完成。以"梦想居"主体结构构件"单片框架 A"为例，最终形成的构件设计图如图 10-18 所示。

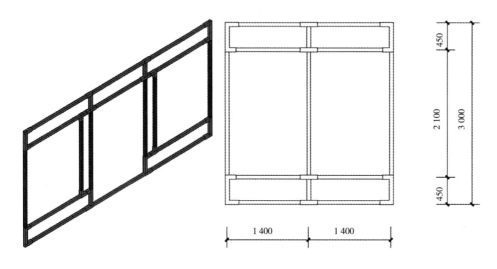

图10-18 "梦想居"主体结构构件"单片框架A"设计图
图片来源：笔者自绘

· 原料分解

原料分解（表 10-21 中②）是指构件被细分为原料的过程，该过程通常由构件加工工厂负责，不参与统一设计，少数关键构件可以由设计方负责。例如，某建筑选用的设备成品是一级构件，那么设备的生产所需的原料就是原料分解表，这一过程不受产业联盟的统一控制，由提供构件的各企业负责即可，详见 10.5.3 技术利益的保护。

此处仍以"梦想居"为例，其一级构件"单片框架 A"的原料分解如表 10-23 所示。

表10-23 "梦想居"单片框架A原料分解表

| 单片框架 A | 原料名称 | 数量 |
|---|---|---|
| | 60 方管 –（2 740） | 2 |
| | 60 方管 –（1 340） | 4 |
| | 60 方管 –（2 880）–1 | 2 |
| | 连接件 1 | 4 |
| | 连接件 3 | 2 |

2. 一级构件加工与采购计划

一级构件加工与采购计划即在工厂完成的加工和装配过程，一级建造设计主要是针对工厂的物料堆放和工艺流程进行设计，这一阶段常常是由工厂完成的，只要提交给其他参与方最终的工时、造价定额即可。与原料分解同理，加工流水线属于厂家技术保护信息，可不必填入表中（表 10-24）。

表10-24　构件生产和加工计划

| 一级装配工序 | 现场 | 人员 | 机具 | 物料 | | 工时 |
|---|---|---|---|---|---|---|
| 杆件摆放到大致位置 | 由工厂安排，可不计入信息表 | 2 | | 60 方管 – (2 740) | 2 | 0.5d |
| | | | | 60 方管 – (1 340) | 4 | |
| | | | | 60 方管 – (2 880) –1 | 2 | |
| 地面连接 | | 1 | 电动扳手 | 连接件 1 | 4 | 0.25d |
| | | | | 连接件 3 | 2 | |
| 搬运至堆场 | | 2 | | | | 0.25d |

由上述分析可知，在一级构件设计阶段完成时，一级构件信息卡的设计和建造信息也就填写完成了（表10-25）。

表10-25　一级构件设计阶段完成时的一级构件信息卡示例

| 构件名称 | 一级构件信息卡 | | | | | | | | | |
|---|---|---|---|---|---|---|---|---|---|---|
| | 设计信息 | | 建造信息 | | | | | | 运维信息 | |
| | 特征信息 | 工艺信息 | 现场信息 | 工序信息 | 人员信息 | 机具信息 | 工时信息 | 物料信息 | 交付信息 | 维护信息 | 回收信息 |
| 单片框架 A | 图 10-18 | 表 10-23 | 表 10-24 | | | | | | | | |

### 10.2.3　协同设计节点

上一节说明的是协同设计的各阶段，本节说明协同设计的各节点。每级构件设计阶段结束，次级构件设计阶段开始，称为一个设计节点。在基于构件的协同设计下，共有 4 个设计节点，分别是建筑总体设计节点、三级构件设计节点、二级构件设计节点、一级构件设计节点。每个节点包含 3 个内容，分别是评审会议、设计检查和文档储存（图 10-7）。

#### 10.2.3.1　评审会议

评审会议是指参与项目的各方共同出席并对建筑设计和建造设计方案提出评价和修改意见的会议。相较于传统的"流水线"作业模式，"评审会议"更能发挥产业联盟的特点。因为各参与方形成了联合体，每个企业都对其所提供的构件全生命周期负责，所以在项目的每一个节点，都需要企业联合体的共同参与和认可。

评审会议有如下几个目的：

（1）及时发现问题：设计评审会议是设计控制的重要手段，实践证明，在建筑设备和产品发生的故障中，最严重的缺陷往往都产生于设计本身造成的"先天缺陷"。通过评审会议可以尽可能地把设计缺陷消除在设计过程中，而避免了缺陷发现越晚，代价越大的潜在风险。

（2）矫正设计方向：评审会议将设计过程分为由宏观到微观的几个过程，在每个节点，都提供了检查和矫正设计方向的机会。例如，设计方的设计方案本来在未得到建造方认可的情况下，就已经进行了深化设计，当与施工方沟通发现问题时，已经在错误的方向上做了深化，浪费了人力和时间。而通过每个阶段的评审会议，就能及时纠正错误的设计方向，不至于造成盲目深化的损失。

（3）确定下一阶段工作内容：除了检查上一阶段工作，评审会议还为下一阶段的工作做出规划，提出大概的设计方向和可能遇到的问题，让下一阶段的工作更容易开展。

（4）统一信息：评审会议同时也是一个各方通气的过程，有时由于协同不够充分，各方未能及时地了解设计的全部信息。在评审会议上，各方可对方案的进程获得统一的了解，进行信息集散，从而最大限度地消除各方之间的信息不平等。

由于以上四个目的，评审会议需要项目所有参与方的共同出席，形成产业联盟的集体意见，在评审会议上，各方的职责如表10-26所示。

表10-26　各参与方评审人员的职责

| 建筑工程项目参与方 | | 职责 |
|---|---|---|
| 业主方 | 业主单位 | 提出设计、建造要求，筛选、审核方案 |
| | 监理单位 | |
| 设计方 | 勘察设计单位 | 提出设计方案 |
| | 联合设计单位 | |
| 施工方 | 施工单位 | 提出施工、设备安装、供货、施工要求，审核方案可行性，制订建造计划 |
| | 设备商 | |
| | 供货商 | |
| | 分包商 | |
| 运维方 | 物业管理单位 | 提出管理、维修要求 |
| | 维修单位 | |

评审会议节点的选择可以根据项目的特性和实际需要，针对主要环节选定。在基于构件的协同设计过程中，推荐4个评审节点，分别是方案评审会议、两次技术评审会议和建造评审会议。方案评审会议用于在设计初期确定方案走向；技术评审会议用于确定方案的细节；建造评审会议用于集中检查方案建造的可行性和便捷性（表10-27）。

表10-27　评审会议的时间和内容

| 时间节点 | 评审会议类型 | 主要内容 |
|---|---|---|
| 建筑总体设计阶段结束 | 方案评审会议 | 1. 建立产业联盟，确定各企业权责<br>2. 确定概念和初步方案 |
| 三级构件设计阶段结束 | 技术评审会议 | 1. 确定建筑设计方案的合理性<br>2. 造价估算 |
| 二级构件设计阶段结束 | 技术评审会议 | |
| 一级构件设计阶段结束 | 建造评审会议 | 1. 工艺方案、流程是否合理<br>2. 建造可行性、过程策划、工序能力是否满足要求<br>3. 外购件、原材料供货方是否有保障<br>4. 工差是否合理 |

### 10.2.3.2　设计检查

9.1 节提到，构件的特点包括独立组合性，即构件通过接口组合在一起，设计和建造人员不需要了解工程的一切信息和技能，只需要选择构件和协调接口即可。这种思维和工作方法，大大降低了统筹工作的难度，提高了质量，缩短了工期。

构件是逐级拆解，独立设计的，因此难免会发生碰撞，所以对接口的协调就变得尤其重要。在现有的设计模式中，对碰撞的检查往往局限于排查管线碰撞，而不关注构件之间的碰撞，在实际工程中，这是远远不够的。例如，"梦想居"项目中，就出现过类似教训。由于结构体和围护体之间没有充分进行碰撞检查，导致结构体的角部连接构件伸出围护体之外，造成建造和使用的不便。这一节点在后续设计中得到了改进，放弃了带有翼板的连接件，改为套筒连接。

**图10-19　"梦想居"出现的接口碰撞**
图片来源：笔者自摄

这一经验告诉我们，在检查碰撞时，不可仅关注同一功能体内部各构件是否碰撞（例如管线碰撞检查），还要关注不同功能体各构件间是否发生碰撞（例如结构体与围护体各构件间的碰撞检查）。

为了全面彻底地展开接口检查，通过"接口排查矩阵表"完成构件接口的逐个排查。在表 10-28 中，横行与纵列的内容相同，都是构件的分解结构表，相交的每一空格代表两个功能体的接口情况。

表10-28　接口排查矩阵表

| | | 模块 A | | 模块 B | | 模块 C | | ...... |
|---|---|---|---|---|---|---|---|---|
| | | 功能体 A1 | 功能体 A2 | 功能体 B1 | 功能体 B2 | 功能体 C1 | 功能体 C2 | |
| 模块 A | 功能体 A1 | | √ | | | √ | √ | |
| | 功能体 A2 | | | √ | √ | | | |
| 模块 B | 功能体 B1 | | √ | | | | √ | |
| | 功能体 B2 | √ | | | | | √ | |
| 模块 C | 功能体 C1 | √ | | √ | √ | √ | | |
| | 功能体 C2 | | | | | √ | | |
| ...... | | | | | | | | |

在这个接口排查矩阵表中，包括横向和纵向两个方面的检查：一是纵向检查，即同一模块的两个功能体之间的碰撞检查，如主体结构体和主体围护

体是否碰撞；二是横向检查，即不同模块的同一功能体之间的碰撞检查，如主体结构体和屋顶结构体是否碰撞。只有全面、充分地检查所有接口，才能彻底避免图 10-19 所出现的接口碰撞问题。

### 10.2.3.3 多版本文档的整理和储存

项目信息反映在项目文档中，这些文档包括项目资料、策划文本、构思草图、模型、建筑图纸、效果图、文本、各项工作计划等。

随着设计阶段的推进，与工程项目相关的文档会逐渐增多，在进行协同设计时，多个团队完成同一工序，势必涉及多人共同编辑同一文档对象的问题。目前，这种协同一般采用复制式的协同方式——应用集中式的存储结构将所有文档存储在统一管理的存储服务器上，所有参与协同的使用者在协同开始前从服务器获取所需文档的同一版本并开始协同工作，而在协同结束后将协同编辑结果存储在服务器上。复制式的协同方式让参与协同的各方复制原始文件后各自编辑，必然导致产生了很多文件版本。多版本文档造成的问题有 3 个：

（1）不利于掌握最新的设计情况，在版本众多的情况下，操作人员不知道应该以哪个版本的文档为准，各方甚至可能依据不同的原始文档工作，带来协同的困难。

（2）重复的多版本文件占用了大量的网络储存空间，可能导致其他文件无法上传。

（3）不利于更改的及时传达和各方及时交流，因为各方都拷贝了所需文档然后各自工作，只有在需要配合或节点时才会有交流，而不是即时的交流，不利于各方协同。

因此，在每一个设计节点，必须对多版本文档进行及时整理、储存、分发，才能保证各方都了解项目的最新情况，并从同一起点开始进入下一阶段的工作。

1. 多版本文档的整理

多版本文档的整理包括对建筑设计过程中的文档进行汇总、索引、比较、删除、合并、增补、备份等具体内容操作，如表 10-29 所示。

表10-29 文档整理的具体内容

| 汇总 | 汇总各方的所有最新文档 |
| --- | --- |
| 索引 | 建立文档索引目录 |
| 比较 | 对同一内容的不同版本进行比较，确定保留版本 |
| 删除 | 删除重复信息 |
| 合并 | 对相似信息进行合并 |
| 增补 | 对遗漏信息进行增补 |
| 备份 | 对重大改动前的文档进行备份，以便恢复到历史版本 |

### 2. 多版本文档的储存

整理完成后，即可储存文档，文档储存在集中式的存储服务器上，如硬盘等。但参与协同的各方往往不能长时间面对面地工作，因此需要依靠网络在线存储服务，即网盘等。关于这类问题的研究，在 CSCW（计算机支持的协同工作）领域已经有了较多突破（详见 6.3 节），现有的网络技术甚至可以通过网络进行异步式编辑，即允许多人在工时上分离地对同一文档进行编辑，并通过一些机制（加锁、版本控制等）来保证文档的同一个地方不会在同一个时刻被同时修改。

值得注意的是，由于文档数量大、种类多，必须建立文档索引目录，并对各文件分类归档。这样，各方才能通过索引目录搜索需要的文档，在在线服务器上自行下载，而不会在搜索文件中耽误过多的时间。

## 10.2.4　设计信息集成：构件信息表

### 10.2.4.1　构件信息卡的汇总整理

协同设计的各阶段是对建筑各级构件信息的集成过程，因此协同设计阶段的最终成果是各级构件信息卡。设计阶段结束时，各级构件信息卡的设计与建造信息都已填写完毕（表 10-11、表 10-15、表 10-20、表 10-25），但这些信息并不是最终的成果，还需要对各级构件卡信息进行汇总整理，形成构件信息表，以实现构件信息的集成。此时需进行两方面的操作：一是检查嵌套关系；二是更新滞后信息。

### 1. 检查嵌套关系

9.4.3 节中，图 9-7 反映了构件信息卡和构件信息表之间的关系，构件之间存在着确定的嵌套关系，因此在构件信息卡之间也存在这样的嵌套关系。构件的嵌套关系直接反映了建造的顺序，是指导实际施工的基础。因此，构件信息表首先要按照真实的构件嵌套关系整理构件信息卡，例如，前文所举的四个例子（表 10-11、表 10-15、表 10-20、表 10-25）就可以体现这一关系（表 10-30）。

表10-30　构件信息卡的嵌套关系示例

| 建筑信息卡（表 10-11） | | | |
| --- | --- | --- | --- |
| | 三级构件"主体模块 B"信息卡（表 10-15） | | |
| | | 二级构件"主体 B 结构体"信息卡（表 10-20） | |
| | | | 一级构件"单片框架 A"信息卡（表 10-25） |

### 2. 更新滞后信息

从前文分析可知，随着构件设计层级的逐步深入，方案也逐步精细化和完善化。例如，建筑总体设计阶段，并未确定各模块内部的具体形式，只以总体尺寸代表各模块，而随着设计的深入，模块内部的各设计细节都被确定下来，此时建筑信息卡的内容就滞后于设计了。因此，需要对滞后信息进行检查和更新。这一问题也可以通过协同工具的应用解决，即使用建筑信息模型，使各阶段的设计内容始终都集成在同一个模型上，在方案深化的同时，建筑信息模型也在深化，就可以做到构件信息卡的信息与设计始终同步，不需要进行滞后信息检查了。

#### 10.2.4.2 构件信息表

经过以上两个步骤的处理，构件信息不再是零散的信息卡片，而形成了一套表格化的图纸系统——构件信息表。构件信息表也是协同设计阶段形成的最终成果。

构件信息表由索引栏和信息栏两部分组成（图 10-20）：索引栏呈现的是构件信息表的索引，表格内的每一横行代表一个构件的全部信息；表格的纵列代表所有构件的某一类信息（如所有构件的物料信息），每个大类下再细分子类；信息栏呈现的是索引表中每一格的具体构件信息，即每一个构件所包含的某类具体信息，其表现形式可以是模型、图纸、文档等。

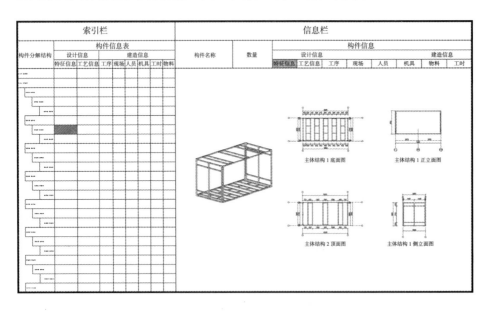

图10-20 构件信息表基本样式
图片来源：笔者自绘

简单地说，索引栏充当着导航目录的作用，信息栏则是这些信息的具体展开。有了构件信息表，项目的各参与方就可以方便地分类、分级地调用信息，指导施工过程中的具体活动。例如，某设备厂商可以查看由其提供的设备需要在什么时间点进场安装，由哪些企业的哪些人员配合操作，从而便于掌握自己的生产、运输计划，也可与安装人员进行单独交流安装注意事项。

例如，由前文所举的 4 级构件信息卡（表 10-11、表 10-15、表 10-20、表

10-25）所得到的构件信息表如下：

表10-31　"梦想居"构件信息表示例（局部）

| 索引栏 | | | | | | | | | | 信息栏 |
|---|---|---|---|---|---|---|---|---|---|---|
| 构件名称 | | 设计信息 | | 建造信息 | | | | | | |
| | | 特征信息 | 工艺信息 | 现场信息 | 工序信息 | 人员信息 | 机具信息 | 工时信息 | 物料信息 | |
| 建筑 | | 图 10-8 | 表 5-9 | 表 10-10 | | | | | | |
| | 主体模块 B | 图 10-10 | 表 10-13 | 表 10-14 | | | | | | |
| | 主体 B 结构体 | 图 10-13 | 表 10-17 | 表 10-19 | | | | | | |
| | 单片框架 A | 图 10-18 | 表 10-23 | 表 10-24 | | | | | | |

## 10.3　协同建造

前一节讲到，协同设计的成果是将设计信息和建造信息汇总形成的表格化工程图纸系统——构件信息卡，协同建造时则需要将这些信息调用出来，指导实际建造活动。信息调用的原理是通过构件的命名与统计实现的。各构件按照构件的分级和分类设置了构件名和检索名，根据需要设置不同的检索词，即可分类、分级地提取出构件所携带的信息。

利用这一原理，在施工时对构件信息表的信息进行调用，形成建造图和施工组织计划。图 10-21 反映了构件信息卡、构件信息表、建造图和施工组织计划的关系。这些图纸系统本质上是对构件信息的集成、提取、调用成果。

**图10-21　图纸系统之间的关系**
图片来源：笔者自绘

### 10.3.1　建造信息的处理：建造图

建造活动的实质是一系列串行或并行的工序组。而传统模式下用于指导建造的施工图却与工序无关，只是一系列反映建造最终成果的图纸，自然无法与实际的建造过程协同起来。因此，需要按照实际的工序关系对图纸进行整理，形成可以指导实际建造的图纸——建造图。因此，建造图不仅要展现建筑设计的最终成果，还要展现各工序的计划安排，从而详细地反映出建造的工序、流程、机具、物料、人员和工时的安排计划。

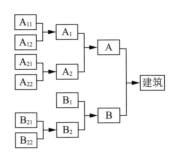

**图10-22 工序关系图示例**
图片来源: 笔者自绘

建造图依据工序之间的关系对构件信息表进行处理形成。工序之间的关系有两种，即串行关系和并行关系（图 10-22）。

串行关系即工序之间存在前置或后置要求，某一工序必须在另一工序完成后才能开始，如图 10-22 中工序 $A_{11}$ 和工序 $A_1$ 之间的关系。实际的例子如，主体结构体预制工序和主体围护体预制工序完成后，才能进行主体模块装配工序。

并行关系即工序之间不存在前置或后置要求，两个工序可以同步进行，如图 10-22 中工序 $A_{11}$ 和工序 $A_{12}$ 之间的关系。实际的例子如，主体模块预制工序和屋顶模块预制工序可以同步进行。

建造图的基本样式仍然是索引栏和信息栏。索引栏中是一些工序和工序组及其所携带的信息，并增加了"工序关系图"，表示各工序之间的串、并行关系。索引栏中每一格，代表某一工序的某一类信息，信息栏即是索引栏中信息的展开（表 10-32）。

表10-32 建造图基本样式

| 索引栏 | | | | | | | 信息栏 |
|---|---|---|---|---|---|---|---|
| 工序 | 现场信息 | 工序信息 | 人员信息 | 机具信息 | 工时信息 | 物料信息 | 工序关系图 | |
| 三级建造工序 | | | | | | | | |
| 二级建造工序 | | | | | | | | |
| 一级建造工序 | | | | | | | | |
| 构件预制工序 | | | | | | | | |

仍然以"梦想居"为例，由前文所举的 4 级构件信息卡（表 10-11、表 10-15、表 10-20、表 10-25）得到的构件信息表（表 10-31），对其进行信息处理可得到建造图如表 10-33 所示。

工序关系图中的箭头表示前置工序，表 10-33 中将工序分为 4 个工序组（即三级建造、二级建造、一级建造、构件加工工序），图中表示出了这 4 个工序组内部和之间的前置关系。工序关系图和每项工序的工时确定下来，即可根据工序关系自动生成甘特图，这也就形成了项目的总建造计划。

表10-33　"梦想居"建造图

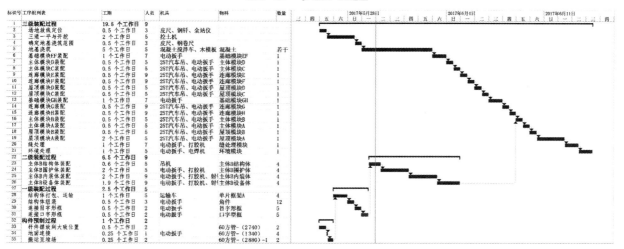

## 10.3.2　建造信息的提取：施工组织计划

### 10.3.2.1　汇总信息的提取

在建造中，常常需要了解总的工程信息，这就需要进行汇总信息的提取。提取方法如 9.3.2.1 节所述。现场、工序、人员、机具、工时、物料 6 类信息，与建造图中的 6 列相对应，对这 6 类汇总信息的提取也就是对建造图中每列信息的提取。

以"梦想居"为例，演示汇总信息是如何提取的。例如，提取总物料信息，直接选择表 10-33 中"物料"列，即得到总物料信息如表 10-34 所示。

表10-34　"梦想居"汇总物料信息提取

| 三级物料 | | 二级物料 | | 一级物料 | |
|---|---|---|---|---|---|
| 基础模块 EF | 1 | 主体模块 B | 1 | 单片框架 A | 4 | 60 方管 –（2 740） | 2 |
| 主体模块 D | 1 | 主体模块 A | 1 | 角件 | 12 | 60 方管 –（1 340） | 4 |
| 主体模块 C | 1 | 屋顶模块 B | 1 | 目字形框 | 5 | 60 方管 –（2 880）–1 | 2 |
| 连廊模块 E | 1 | 屋顶模块 A | 1 | 口字型框 | 5 | …… | |
| 连廊模块 F | 1 | 缝处理模块 | 1 | …… | | | |
| 屋顶模块 D | 1 | 环境模块 | | | | | |
| 屋顶模块 C | 1 | 主体 B 结构体 | 4 | | | | |
| 基础模块 GH | 1 | 主体 B 围护体 | 4 | | | | |
| 连廊模块 G | 1 | 主体 B 内装体 | 4 | | | | |
| 连廊模块 H | 1 | 主体 B 设备体 | 4 | | | | |
| …… | | | | | | | |

又例如，要提取项目总工时，则直接选择表 10-33 中"工序关系图"列，得到总工时是从 5 月 26 日~6 月 18 日，共 24 天。

### 10.3.2.2 分步建造信息的提取

在很多时候，光提取总的建造信息是不够的，还需要分步信息，此时则需要用到检索名来提取。

例如，从“工序关系图”中可知在 4 月 25 日这一天，预计要进行基础结构体的建造，需要知道其具体信息，则应检索“基础结构体”。工序、现场、人员、机具、工时信息的提取都与此同理。

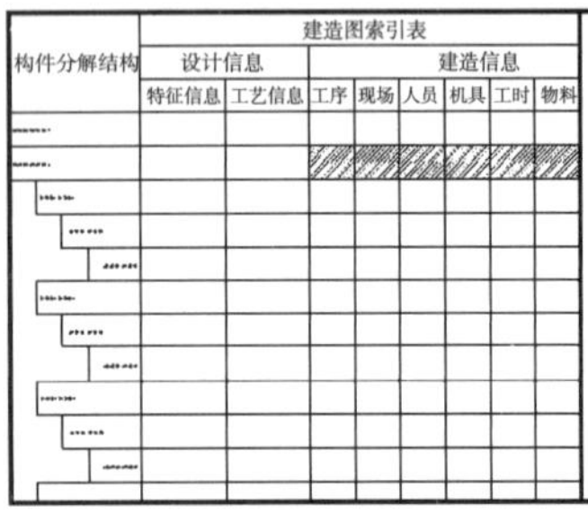


| 时间 | 建造任务 | 物料清单 | |
|---|---|---|---|
| | | 构件名称 | 数目 |
| 4 月 25 日 | 基础结构体建造 | 可调支座 | 75 |
| | | 混凝土块 | 75 |
| | | 125–125H 型钢 –（12000） | 8 |
| | | 125–125H 型钢 –（3050） | 44 |
| | | 100–48C 型钢 –（250） | 10 |
| …… | | | |

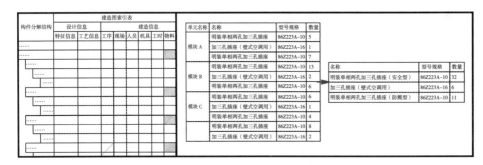

图10–23 “梦想居”分步物料信息提取

图片来源：笔者自绘

### 10.3.2.3 分类建造信息的提取

在建造中，不仅要分级地提取信息，还要分类提取，目的是让相同功能的构件组合在一起，形成集成化的功能模块，方便进行独立预制和整体组装。

例如，如果想知道建筑所有的插座有多少个，以便于集中采购。只需搜索“插座”就可以分类地提取出所有插座信息。工序、现场、人员、机具、工时信息的提取都与此同理。

| 单元名称 | 名称 | 型号规格 | 数量 |
|---|---|---|---|
| 模块 A | 明装单相两孔加三孔插座 | 86Z223A-10 | 5 |
| | 加三孔插座（壁式空调用） | 86Z223A-16 | 1 |
| | 明装单相两孔加三孔插座 | 86Z223A-10 | 7 |
| 模块 B | 明装单相两孔加三孔插座 | 86Z223A-10 | 13 |
| | 加三孔插座（壁式空调用） | 86Z223A-16 | 2 |
| | 明装单相两孔加三孔插座 | 86Z223A-10 | 6 |
| 模块 C | 明装单相两孔加三孔插座 | 86Z223A-10 | 6 |
| | 加三孔插座（壁式空调用） | 86Z223A-16 | 1 |
| | 明装单相两孔加三孔插座 | 86Z223A-10 | 4 |
| | 明装单相两孔加三孔插座 | 86Z223A-10 | 8 |
| | 加三孔插座（壁式空调用） | 86Z223A-16 | 2 |

| 名称 | 型号规格 | 数量 |
|---|---|---|
| 明装单相两孔加三孔插座（安全型） | 86Z223A-10 | 32 |
| 加三孔插座（壁式空调用） | 86Z223A-16 | 6 |
| 明装单相两孔加三孔插座（防溅型） | 86Z223A-10 | 11 |

图10–24 “梦想居”分类物料信息提取

图片来源：笔者自绘

## 10.3.3 建造阶段的设计变更

虽然协同设计的核心在于设计前端尽量考虑到所有问题，以减少建造过程中的变更，但建造阶段的设计变更其实是很难完全规避的。造成建造阶段设计变更的原因多样，主要有如下 7 种：

（1）新的设计想法；

（2）改进设计缺陷；

（3）造价控制；

（4）建造工期控制；

（5）材料或设备供应困难；

（6）厂商协同出现问题；

（7）因其他变更引起的关联变更。

综合这 7 个常见的变更理由，不难发现，变更的发生都与设计不够完善有关，有的变更来源于建筑设计的问题，有的变更则来源于建造设计的问题。控制变更的根本方法是前期的充分考虑。后期的变更只是补救手段，应该尽量避免。

在变更发生时，应首先区分的是：变更是否是必需的，对于不是必须发生的变更，应综合考量，权衡利弊，决定变更是否发生；对于必须发生的变更，应尽早处理，处理得越晚，付出的代价就越大。上述 7 个理由中，只有"新的设计想法"不是必须变更的。与工业产品一样，建筑的设计也面临快速的更新换代，设计上的完善是没有尽头的，新的想法总会不断涌现，成为方案日臻完善的助推力。然而设计变更也需要有一定的约束，因此，每一节点的评审会议应对设计想法进行敲定，各方共同认可的设计想法就不要再轻易改变。如果每想出一个新点子就进行设计变更，那么与设计相关的各项建造计划都会因处在不断变动之中变得难以把控。

以"梦想居"项目举一个例子，由于建造设计的工期计划不合理，后期工期紧张，不得不将原本准备工厂预制的廊道模块，改为现场制作。为此，导致前期计划好的三级建造工序发生变更，只能临时制订新的建造计划，不仅付出了更多的人力物力，也产生了关联变更，使工程变得更加难以控制。因此，在设计阶段应尽量集思广益，考虑周全；而一旦开始建造，就应该尽量减少变更的发生。

对于必须发生的变更，要特别注意两个方面的问题：一是技术状态的管理；二是变更所引起的关联变更。

### 10.3.3.1　技术状态的管理

技术状态的管理，借鉴工业制造领域。"技术状态"指的是"技术文件规定的，在产品中达到的功能特性和物理特性"。简单来说，也就是建造最终状态的记录。

技术状态管理之所以引起人们的重视，起源于 20 世纪 50 年代宇航和战略武器系统的发展，使人们认识到若对更改控制不力，会使本来就很复杂的产品变得更为复杂。这种复杂系统需要多单位参与协作，为了处理各种接口问题，经常面临大量的更改。由于对更改控制不当、记录不完整，甚至有产品试验成功交付之后，买方要求再供货时，供货方才发现样机已经交付使用的情况；且由于没有保留必需的文件和更改记录，因而无法再制造出相同的产品。

鉴于此，美国国防部率先提出《系统管理条例》（AFSCM375），技术状态管理才开始在制造领域得到了重视。

这一概念在建筑工程领域中很少被提起的根本原因是，在传统的建筑工程协同模式下，建筑交付就是建筑工程的最后环节，运维与回收都不在设计和建造的考虑范围之内，未来的设计中也不再重复利用构件，因此没必要记录工程的最终状态。而在构件化的思维下，建筑的每一部分都被看作是可以重复使用的"构件"，不仅要持续地关注建筑交付后的情况，在以后的设计中，即使每一建筑都有所不同，构件也会再重复使用。基于此，技术状态管理的必要性体现在以下三方面：

（1）便于了解构件的最终状态，从而有利于运维管理和构件的回收和再利用；

（2）便于获取运维信息，从而完善构件库信息，为后续设计提供经验；

（3）便于总结工程中的问题，从变更的部分吸取经验。

因此，在构件化的协同模式下，应当及时记录建造过程中的变更尤其是建筑的最终状态。

#### 10.3.3.2　变更所引起的关联变更

设计的各部分往往是相互联系的，变更一个地方可能引起其他地方的关联变更，如果忽略这些关联变更，很有可能酿成不可控的大问题。

在排查关联变更时，仍然可以用到设计检查时用的接口排查矩阵表。因为会发生关联变更的地方都是接口相互联系的地方，所以只要排查了与发生变更的构件相联系的所有接口，也就可以筛查出所有的关联变更。

## 10.4　协同运维

协同运维是指建筑建造完成后，产业联盟中各企业对建筑的交付、使用、维修、回收再利用进行的运营和维护活动。从构件的角度看，协同运维的过程也是对项目构件信息表中运维信息的维护过程和对构件库的完善过程。协同运维包括三部分内容，即交付、使用、回收，分别对应构件运维信息表中的交付信息、使用信息、回收信息（表9–12）。其中交付信息主要是建筑说明书；使用信息主要是维修记录和使用反馈；回收信息主要是构件评估和回收再利用计划。

### 10.4.1　交付

建筑建造完成，通过验收，就可以交付给业主方。区别于传统的协同模式，一经交付，即与设计方和建造方无关，而基于构件的协同模式强调各方对构件的全生命周期负责，因而要求各方参与建筑全生命周期的各个环节，其中也包括交付使用的阶段。

交付时与建筑一同交付的还有建筑说明书。我们对产品使用说明书已经习以为常，但建筑是否也可以像工业制造产品一样，对其使用者说明其设计思想和使用方法呢？建筑说明书正是面向构件的使用、保养、维修和更换，目的是让使用者清晰地了解到，他所使用的建筑有哪些使用方式，构件可以通过什么途径维修和替换、哪个厂家对该构件负责。它具体包括使用说明、维修说明和更换说明三个方面的内容。

### 10.4.1.1　使用说明

使用说明反映了建筑设计时对使用情况的设想，设计人员可以通过文本的形式，向使用者展现建筑在使用过程中的多种可能性。此处我们仍然举"梦想居"的例子。"梦想居"是集展览、居住为一身的多功能建筑，因此其布局必须适应这些差异性的功能变化。梦想居 A 模块和 C 模块，即青年公寓模块和应急救灾模块的使用说明如图 10-25 所示。

图10-25　"梦想居"A、C模块使用说明书（局部）

图片来源：笔者自绘

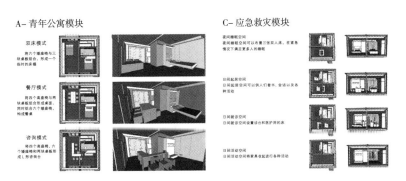

### 10.4.1.2　维修和更换说明

在使用中，一定会面临构件维修和更换的问题。构件化的思维告诉我们，建筑由单个独立的构件组成，应该尽量保持构件的独立性，并且尽量清晰地体现构件之间的拼接关系，方便维修和拆除，防止在维修、更换、回收再利用过程中造成构件损坏。因此，在维修和更换说明中，应该说明的是建筑中的哪些模块是可以维修的，找谁维修；哪些模块是可更换的，有哪些更换的备选项。

以"梦想居"为例，建筑的外墙板目前是白色铝板，可是如果周边环境需要建筑材质更为自然而消隐于环境中，可以拆除主体模块的围护体外墙板构件，更换为木质外墙板，或其他颜色的铝制外墙板构件。更换说明应提供这些备选项，从而让使用者根据需要自行选择合适的替换构件。

### 10.4.1.3 构件责任方清单

如 8.2.1.2 节所述，各参与方形成了基于构件的产业联盟，对各自所提供的构件全生命周期负责，因此在建筑说明书中，应提供构件责任方清单。这样做有以下两方面的优势：一方面对各企业是一种监督。如果构件责任方不明确，出了质量问题厂家不负责后续的维修和更换，则厂家不需要保证构件质量。另一方面，对各企业是一种宣传。让用户把构件与企业名字挂钩，对于质量有保障的企业起到正面宣传作用。构件责任方清单示例如表 10-35 所示。

表10-35 构件责任方清单示例

| 构件名称 | | 责任方 | 联系方式 |
|---|---|---|---|
| 设备 | ×××设备 | ×××公司 | ×××××××××× |
| 构件 | ×××构件 | ×××公司 | ×××××××××× |

## 10.4.2 使用

建筑设计和建造的最终目的是为了使用，使用者的意见对于设计和建造来说本应该是至关重要的，然而一直以来，运维方与设计方、建造方却几乎是没有关联的。设计和建造鲜少了解建筑建成后的使用情况，即使想要关注，也只能通过实地调研获得零星的使用意见。

有了构件化的思维方法，运维人员所获取的运维信息也能清晰地呈现在构件信息表中，进而进入构件库中，从而形成可调用、可迁移的设计经验。例如，某建筑构件 A 在使用过程中发现经常损坏，运维人员将这一信息录入 A 构件的构件信息表中，设计人员就能了解 A 构件的使用情况，在下次设计时对 A 构件做出优化设计，或替换成其他构件。这样做的另一大好处是，即使在下次设计时更换了其他设计人员，仍然可以了解到这一信息，而避免了同样的问题重复出现。因此说构件信息表让设计经验变得可调用、可迁移。构件维修记录表样例如表 10-36 所示，由运维方收集信息录入构件库中。

表10-36 构件维修记录表

| 构件名称 | 维修问题 | 时间 | 维修记录 | 负责人 | 厂家 | 处理意见 |
|---|---|---|---|---|---|---|
| | | | | | | □淘汰构件　□改进构件 |
| （运维方填写） | | | | | | （设计方填写） |

## 10.4.3 回收再利用

当建筑使用期满，面临拆除时，构件化的思维仍然发挥着重要的作用。传统模式下，建筑一经拆除就变为一堆废料，而在构件化的协同模式下，构件可以回收，反复使用。构件直接再利用而不必回炉重铸，不仅节约了建设成本，也减少了建筑的碳排放量。

回收再利用同样通过构件信息表完成（表 10-37），构件信息表中反映了构件的评估信息和处理意见。这些信息并不指定由哪一方填写，而是由该构件的责任方做出评估和处理意见。例如，太阳能构件由太阳能厂家做出评估，也由厂家确定处理意见、回收并在其他项目中重复使用。

表10-37　构件回收信息表

| 构件名称 | 构件评估指标 | 评估意见 | 负责人 | 厂家 | 处理意见 |
|---|---|---|---|---|---|
| | | | | | □淘汰构件　□加工再利用<br>□直接利用 |
| （构件责任方填写） | | | | | （构件责任方填写） |

构件的评估、回收、再利用过程完全由构件责任方负责，这一过程很大程度上要依靠责任方的职业素质，因为企业在没有第三方监管的情况下，可以将不符合回收要求的构件以次充好地用到其他项目中去，从中赚取更多的利益。但在基于构件的产业联盟模式下，再次使用的构件仍然由同一企业负责维护，如果构件因为不符合回收要求而在使用中出现质量问题，该企业要为此承担全部责任，并为维修此构件付出成本。长远看来，回收不合要求的构件花费的成本可能反而更大。因此产业联盟的构件责任制度对企业来说是一种有力的约束。

## 10.5　协同利益分配

协同利益分配并不针对某一构件，而是整个建筑工程全过程得以顺利进行的保障。协同利益分配包括三方面内容，即经济利益、社会利益和技术利益。经济利益指各厂家通过协同得到的利润；社会利益指完成项目对企业的宣传推广作用，例如，通过策划宣传活动、参加展览、制作宣传册、通过网络平台传播信息等方式，联合各参与方一起宣传企业文化和企业产品；技术利益指企业所拥有的可营利技术和人力资本（表 10-38）。

表10-38　利益的分类

| 利益的分类 | | 分配方式 |
|---|---|---|
| 经济利益 | 利润 | 利润分配 |
| 社会利益 | 社会影响力 | 合作宣传 |
| 技术利益 | 可营利技术 | 技术利益保护 |
| | 人力资本 | 员工培训 |

同时值得注意的是，利益与责任是不可分割的两面。企业获得利益的同时也意味着承担相应的责任。例如，企业进行合作宣传时，享受了其他企业带来的曝光量增加的利益，也就必须同时承担为其他企业进行宣传的责任，否则这一利益也就不能存在。

### 10.5.1  经济利益

经济利益是指从协同中获得的利润和物质实体。经济利益的分配一般是由合同决定的，但也与构件信息密不可分。传统的协同模式下，工程的各项指标缺乏集成的统计手段，往往很难制订准确的资金计划。而在基于构件的协同模式下，通过构件的统计，可以在开始施工之前清晰地了解方案的造价、工程量、所需机具及使用时间、运输方式等各项涉及资金问题的因素，从而在项目前期，建造活动开始之前，就制订出准确、清晰的资金计划，有助于对资金的整体控制。

同时，面向产业联盟中各参与方的构件信息表也让工程资金信息的流向变得更加公开和透明，有利于监督产业联盟内部的公平性，树立各参与方稳定、牢固的协作意愿。从长远上看，这种牢固的、互信的伙伴关系，是产业联盟走上良性循环的必经之路。

### 10.5.2  社会利益

社会利益主要指企业的社会知名度和影响力。项目完成后，参与项目的各参与方除了希望获得利润外，还希望获得宣传企业和产品的机会，以在未来的发展中得到更多的市场机遇。一方面，产业联盟中的企业共享宣传机会，可以最大限度地达到利益的公平分配；另一方面，同时每个企业都获得了别的企业所提供的机会，达到多赢的局面。

例如，"梦想居"在常州武进绿色建筑展览园展览期间，采取了如下的合作宣传措施：

1. 产业联盟展板

展板不仅宣传示范项目，也宣传产业联盟中的每一个企业。例如，在"梦想居"示范项目展览期间，在走廊中就摆放了产业联盟中每个企业的展板；另外还有联合展板，给各参与方充分的展示机会，最大限度地达到公平宣传（图10-26）。

图10-26  通过展板和网络宣传产业联盟中的各企业

图片来源：笔者自摄

2. 网络宣传

通过网络的方式，各企业在各自的官网、微信公众号、官方微博上进行联合宣传，宣传时也注明产业联盟中其他企业的工作成果和简要信息。因此，产业联盟内每个企业所获得的曝光量都是所有企业宣传消息转发量的总和，对每个企业来说，都带来了巨大的宣传利益，形成多赢局面，巩固企业间的互信关系和协作意愿，实现共同发展。

### 10.5.3　技术利益

1. 技术保护

企业在参与协同时，虽然强调信息最大限度地透明、共享，但也并不代表企业必须公开自己所有的信息。例如企业的技术利益，就不需要也不适宜对产业联盟中的全体成员公开。

技术利益指的是企业依靠科技成果带来的利益。企业所独有的技术是市场竞争力的重要来源，因此这些技术是重要的商业机密，一旦泄露，企业权益将遭受到严重的损害。

第 9 章曾经分析过构件的几大特点，其中包括构件具有"组合性"——构件通过"接口"组合在一起，设计人员不必了解零件的具体加工工艺，只需要知道这些构件如何连接到一起即可。因此，企业可以选择保护自己的技术利益，将自己的核心技术保密，只通过"接口"与其他企业协同。

例如，如果某整体卫浴企业，具有整体卫浴的核心技术，这个技术就不需要对全部产业联盟的成员公开，那么在进行协同设计时，就不需要填写构件信息表的所有内容，而只需要把与其他企业所负责内容的接口部分交接清楚即可。

在表 10-39 中，标有阴影的部分都属于企业内部的技术信息，因此不用填写，具体包括卫浴产品的工艺信息、加工工序、工厂生产流线、人员、机具、工时、物料等。需要填写的只有特征信息和造价信息。因为其他部分的设计建造需要协调卫浴尺寸、预留管线接口、统计建筑造价，至于更加细节的信息，例如细部处理方式、生产流水线、工艺信息等，厂家可以不必提供，这样就维护了参与企业的独立知识产权，从而保护了企业的技术利益。

表10-39　企业技术保护示例（表中阴影部分可不必填写）

| 构件名称 | 一级构件信息卡 | | | | | | | | | | |
|---|---|---|---|---|---|---|---|---|---|---|---|
| | 设计信息 | 建造信息 | | | | | | | 运维信息 | | |
| | 特征信息 | 工艺信息 | 现场信息 | 工序信息 | 人员信息 | 机具信息 | 工时信息 | 物料信息 | 交付信息 | 维护信息 | 回收信息 |
| 单片框架 A | | | | | | | | | | | |

2. 员工培训

企业获得的另一种技术利益是员工培训。随着产业联盟的合作增多，各企业员工在合作中磨合碰撞，也在交流中打开了新的思路和视野。与协同企业的合作交流比封闭在企业内部更容易获得快速的进步；反过来讲，采用某企业的产品，也就意味着承担了提供相应技术支持的责任。

例如，当设计时采用了新材料、新技术或需要新的施工方法时，往往意味着对施工提出了无形的要求，因此产品供应企业应该提供给建造团队适当的员工培训，这样建造团队的员工就掌握了新的建造技能，该企业也就获得了比以往更多的人力资源。

## 10.6　本章小结

协同的前提是以产业联盟为组织形式的参与方协同，协同的方法是以构件为载体的工程阶段协同，本章内容落实到具体操作层面，产业联盟之所以能把各参与方组织起来，是通过协同利益分配实现的；构件之所以能协调各阶段的信息，是通过协同设计、协同建造、协同运维实现的——由此得出协同模式的具体操作是"四个协同"，其中，协同利益分配贯穿建筑工程的全阶段，是协同的前提；协同设计、建造和运维以构件为基础，是协同的过程。本章以"梦想居"项目的全过程为例，对协同的各个过程进行了说明。

协同各过程围绕"构件信息"展开，"构件信息表"则是这些信息的汇总表达，因此设计、建造和运维阶段的各项具体任务都依据"构件信息表"进行：设计阶段是对构件信息表的完善过程，即对建筑工程信息的集成和调配过程；建造阶段是对已形成的构件信息的调用过程；运维阶段则是对构件信息表的补充和构件库的完善过程。当然，对每个过程仅依靠一方是无法完成的，需要调动项目的所有参与方共同参与。具体流程如下：

在协同设计阶段，提出了各方共同参与、面向建造的设计、依据构件层级逐层深入的设计方法，这是为了在每个设计层面充分整合所有参与方的力量，克服设计人员的专业局限性，共同确定设计方向，从而及早发现设计和建造方面的问题，减少设计时因在错误方向上盲目深化，或建造时因设计缺陷引起的变更和返工。

协同设计被划分为4个设计阶段，分别是建筑总体设计阶段、三级构件设计阶段、二级构件设计阶段和一级构件设计阶段。在每个阶段，又细分为建筑设计和建造设计两个部分；每一设计阶段结束、下一设计阶段开始时为一个设计节点，每个节点应完成3个任务，分别是评审会议、设计检查和文档储存。

建筑总体设计阶段考虑建筑层面的问题，根据任务书要求和场地条件确定建筑总体方案和模块分解，并据此确定三级建造的初步计划；三级构件设计阶段考虑模块层面的问题（如裙房模块、塔楼模块等），根据总体方案确定模块功能、体量、布局方式和功能体分解，并据此确定二级建造的初步计划；二级构件设计阶段考虑功能体层面的问题（如结构体、围护体等），根据模块方案确定功能体的形式、材料、交接方式和构件分解，并据此确定一级建造的初步计划；一级构件设计阶段考虑构件层面的问题（如墙、板、梁、柱等），根据功能体方案确定构件的具体设计、选型和构件原料，并据此确定一级构件加工、采购的初步计划。

4 个设计阶段完成，形成四级构件信息卡。对构件信息卡滞后的信息进行整理之后，就得到一套表格化的工程图纸系统——"建造信息表"。构件信息表由索引栏和信息栏两部分组成，索引栏即为"构件信息表"的设计信息和建造信息，信息栏对应表格内的具体内容。建造图形成，协同设计阶段即完成。

在协同建造阶段，各参与方通过构件检索和统计的方法，依据实际需要，对构件信息表中的汇总信息、分级信息、分类信息进行调用，就形成了可指导具体施工活动的工程图纸和各项计划。例如，建造过程中需要进行设计变更，则应注意技术状态的管理和变更所引起的关联变更。

在协同运维阶段，不仅要通过建筑说明书告诉使用者建筑构件的使用、维修、更换信息；也要将维修和反馈信息记录在构件信息表和构件库中，形成可调用、可迁移的设计经验；还要通过对构件的评估确定回收再利用方案。

协同利益分配不是某一个具体的阶段，而是贯穿于整个建筑工程的各个阶段，如经济利益、社会利益和技术利益的协同分配，协同利益分配包括利益分配和责任分配。因此，协同利益分配是协同各阶段活动开展的前提。

# 第11章 协同模式的工程应用：以芦家巷社区活动中心为例

## 11.1 工程案例研究

前文论述了建筑工程协同模式的理论、方法和流程，本章则通过一个工程实例来验证其可行性、适应性和延续性。所选择的实际项目是轻型钢结构建筑"芦家巷社区活动中心"（以下简称为"芦家巷"项目）。

之所以选择"芦家巷"项目来验证方法，有三方面原因：

（1）"芦家巷"是轻型结构建筑，相较于以湿作业为主的重型结构建筑，其建筑的构件层级更清晰，装配步骤更复杂，因此更容易发现问题，从而验证方法的可行性。

（2）由于场地限制，该项目没有条件设置工地工厂，因此没有二级建造阶段。这与本研究所设想的理论上的情况是不一致的，因此可以验证方法对于实际情况的适应性。

（3）"芦家巷"项目与贯穿第10章的例子"梦想居"都是东南大学"未来屋"轻型可移动建筑系列产品之一，前者是第五代产品，后者是第四代产品。"芦家巷"项目是"梦想居"的改进产品。从二者的对比中可以看出构件库的作用，即构件是如何在不同项目中被淘汰、改进和再利用的，从而因此可以验证方法在不同项目中的延续性。

## 11.2 可行性验证

### 11.2.1 协同设计

在第10章中已经以"梦想居"项目的全过程为例，详细说明了协同模式的各流程，"芦家巷"项目的设计过程也与之类似，故在此不再分阶段地重复叙述相似的内容，只呈现最终的结果，作为方法的可行性验证。最终成果包括建筑设计方案、构件信息卡和信息表、建造图、施工组织计划等。

### 11.2.1.1 建筑设计方案

"芦家巷"项目位于江苏省常州市武进区牛塘镇芦家巷社区内，基地位置在小区中西北角的景观水池上，基地条件如图 11-1 所示。

图11-1　芦家巷项目基地
图片来源：工作室项目组

设计条件方面，业主方要求建设一个可供社区居民游乐、休憩的公共活动中心，要求建筑位于水池内，连接水池的两岸，不遮挡水景。建筑面积不超过 100 m²，高度不超过 1 层。建筑应可适应多种用途，既可以作为居民日常娱乐休闲的场所，也可召开居民会议，还可以用于儿童教育、游戏等多种功能。

建造条件方面，要能快速施工建造，不宜长时间施工，影响居民生活。基地位于浅水池上，池底平整无高差；基地下方为小区地下停车场，不能使用大型起重机具；物料可堆放的位置有限，没有空间设工地工厂或大型物料堆场；周边道路为小区道路，大型运输车辆不能到达。

综合设计条件和建造条件，对"芦家巷"项目进行了建筑设计，确定建筑设计方案为：在水面上形成连接两岸的平台，上置由 5 个基本模块组成的房屋，建筑面积约 90 m²，内部空间完全连通不设柱，从而形成灵活可变的多用途大空间，东西两侧为开放的亲水平台，全玻璃幕墙，尽量向水景开放，为避免西晒，设置外遮阳百叶。为融入小区环境，设计 2 个爬藤架横跨在建筑上方，可生长攀缘植物。亲水平台以花架围合，为小区居民提供一个绿色、清新、宜人的休憩场所（图 11-2 ~ 图 11-14）。

图11-2　南侧入口透视图
图片来源：工作室项目组

159

**图11-3　西侧透视图**
图片来源:工作室项目组

**图11-4　室内透视图**
图片来源:笔者自绘

**图11-5　亲水平台透视图**
图片来源:笔者自绘

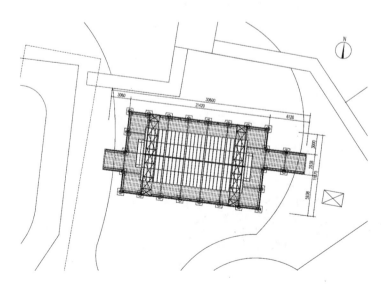

**图11-6　总平面图**
图片来源:笔者自绘

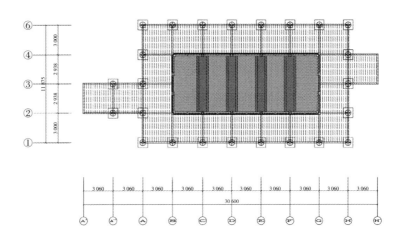

**图11-7　平面图**
图片来源：笔者自绘

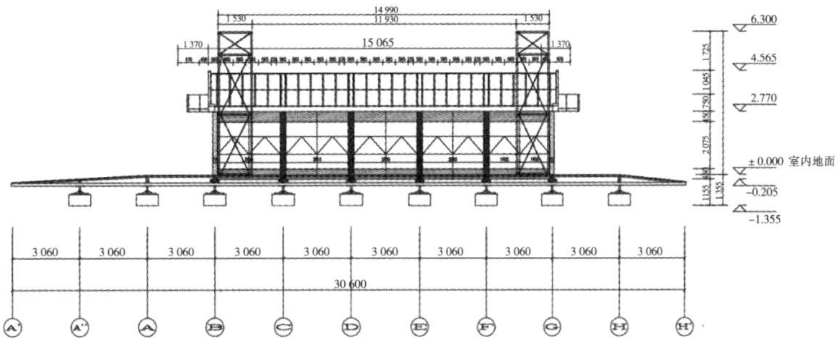

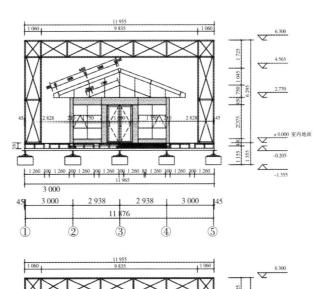

**图11-8　东西侧立面图**
图片来源：笔者自绘

**图11-9　南北侧立面图**
图片来源：笔者自绘

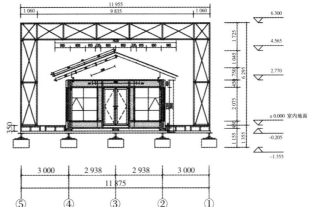

**图11-10　剖面图**
图片来源：笔者自绘

#### 11.2.1.2 构件信息卡和信息表

设计阶段完成时，形成了所有构件的构件信息卡。对这些信息进行嵌套、更新、整理就形成了整个建筑项目的构件信息表。

表11-1 "芦家巷"项目构件信息表索引栏（局部）

| 构件名称 | 数量 | 设计信息 | | 建造信息 | | | | | |
|---|---|---|---|---|---|---|---|---|---|
| | | 特征信息 | 工艺信息 | 工序 | 现场 | 人员 | 机具 | 物料 | 工时 |
| 汇总信息 | | | | | | | | | |
| 建筑 | 1 | | | | | | | | |
| 基础模块 | 1 | | | | | | | | |
| 基础结构体 | 1 | | | | | | | | |
| 可调支座 | 75 | | | | | | | | |
| 混凝土块 | 75 | | | | | | | | |
| 地梁 | 1 | | | | | | | | |
| 125-125H型钢-（12000） | 8 | | | | | | | | |
| 125-125H型钢-（3050） | 44 | | | | | | | | |
| 100-48C型钢-（250） | 10 | | | | | | | | |
| 主体模块1 | 3 | | | | | | | | |
| 主体结构 | 1 | | | | | | | | |
| 单片框架A | 2 | | | | | | | | |
| 单片框架B | 2 | | | | | | | | |
| 角件 | 12 | | | | | | | | |
| 目字形框 | 5 | | | | | | | | |
| 口字形框 | 3 | | | | | | | | |
| 主体围护 | 1 | | | | | | | | |
| 外墙板-（1405-450） | 4 | | | | | | | | |
| 窗（2080-1405） | 2 | | | | | | | | |
| 围护连接1 | 32 | | | | | | | | |
| 外墙板-（1750-450） | 4 | | | | | | | | |
| 外墙板-（2300-450） | 4 | | | | | | | | |
| 外墙板-（207-207-2980） | 2 | | | | | | | | |
| 外墙板-（350-2530） | 2 | | | | | | | | |
| 外墙板-（190-1600） | 1 | | | | | | | | |
| 门-（800-2340） | 2 | | | | | | | | |
| 窗（1750-2080） | 2 | | | | | | | | |
| 围护连接1 | 100 | | | | | | | | |
| 60木方-（5660） | 4 | | | | | | | | |
| 60木方-（520） | 39 | | | | | | | | |
| 钢板-（5870-2280） | 1 | | | | | | | | |
| 18厚木板-（5660-1880） | 1 | | | | | | | | |
| 40厚保温板-（5660-1880） | 1 | | | | | | | | |
| 15厚木地板-（5660-1880） | 1 | | | | | | | | |
| 岩棉 | 若干 | | | | | | | | |
| 主体内装体 | 1 | | | | | | | | |
| 内墙板1 | 4 | | | | | | | | |
| 内墙板2-(2737) | 2 | | | | | | | | |
| 内墙板3-(2737) | 2 | | | | | | | | |
| 吊顶板-（2870-660） | 3 | | | | | | | | |
| 围护连接1 | 60 | | | | | | | | |
| 主体设备体 | 1 | | | | | | | | |
| 顶灯 | 3 | | | | | | | | |
| 空调 | 1 | | | | | | | | |
| 屋顶模块 | | | | | | | | | |
| ...... | | | | | | | | | |
| 后装模块 | | | | | | | | | |
| ...... | | | | | | | | | |
| 设备模块 | | | | | | | | | |
| ...... | | | | | | | | | |

表中每一行表示一个构件的信息卡，此处篇幅所限，无法一一列举所有的构件信息卡，只举"基础模块"一个例子加以说明，如表11-2所示。

表11-2 三级构件"基础模块"构件信息卡

| 构件 | 设计信息 | | 工序 | 现场 | 人员 | 机具 | 物料 | | 工时 |
|---|---|---|---|---|---|---|---|---|---|
| | 特征信息 | 工艺信息 | | | | | | | 建造信息 |
| 基础模块 | | | 1.放置混凝土块 2.放置钢支座 3.安装地梁 4.地梁刷漆 | 略 | 9 | 5t小吊车 绳子 棍子 | 可调支座 / 混凝土块 / 125-125H型钢-（12000） / 125-125H型钢-（3050） / 100-48C型钢-（250） | 75 / 75 / 8 / 44 / 10 | 12.30-1.02 |

162

### 11.2.2　协同建造

#### 11.2.2.1　建造图

协同建造阶段首先对构件信息表中的工序信息进行提取，形成了工序组的汇总表。再确定工序的串、并行关系，形成了用于指导建造工序的建造图（表11-3），表中只列出建造图索引栏，表头数据所表示的不是具体日期，只表示工序所用天数。

由于整张表格信息过多，不能将信息栏中内容一一列举出来，只举其中一行作为例子，比如图中加阴影的"基础模块装配"工序（表11-4）。

由建造图提取的三级建造的施工组织计划如表11-5所示，表中添加了实际建造情况，与施工计划相对应，经验证，计划与实际操作基本相符。

表11-3　"芦家巷"项目建造图索引栏（局部）

| 标识号 | 任务名称 | 工期 | 开始时间 |
|---|---|---|---|
| 1 | 一级建造任务 | 30 个工作日 | 2016 年 11 月 29 日 |
| 2 | 设计方案深化 | 4 个工作日 | 2016 年 11 月 29 日 |
| 3 | 材料配置 | 2 个工作日 | 2016 年 12 月 3 日 |
| 4 | 基础地梁制作 | 4 个工作日 | 2016 年 12 月 5 日 |
| 5 | 主体围护构件制作 | 5 个工作日 | 2016 年 12 月 5 日 |
| 6 | 屋顶围护构件制作 | 4 个工作日 | 2016 年 12 月 5 日 |
| 7 | 主体内装构件制作 | 5 个工作日 | 2016 年 12 月 9 日 |
| 8 | 屋顶内装构件制作 | 5 个工作日 | 2016 年 12 月 9 日 |
| 9 | 家具配置 | 6 个工作日 | 2016 年 12 月 14 日 |
| 10 | 环境构件制作 | 8 个工作日 | 2016 年 12 月 14 日 |
| 11 | 设备配置 | 4 个工作日 | 2016 年 12 月 22 日 |
| 12 | 运输 | 1 个工作日 | 2016 年 12 月 27 日 |
| 13 | 二级建造任务 | 15 个工作日 | 2016 年 12 月 30 日 |
| 14 | 现场定位 | 1 个工作日 | 2016 年 12 月 30 日 |
| 15 | 基础模块装配 | 2 个工作日 | 2016 年 12 月 31 日 |
| 16 | 环境模块装配 | 2 个工作日 | 2016 年 12 月 31 日 |
| 17 | 主体结构模块装配 | 2 个工作日 | 2017 年 1 月 2 日 |
| 18 | 屋顶结构模块装配 | 2 个工作日 | 2017 年 1 月 4 日 |
| 19 | 主体围护模块装配 | 3 个工作日 | 2017 年 1 月 4 日 |
| 20 | 屋顶围护模块装配 | 3 个工作日 | 2017 年 1 月 6 日 |
| 21 | 主体内装模块装配 | 3 个工作日 | 2017 年 1 月 7 日 |
| 22 | 屋顶内装模块装配 | 3 个工作日 | 2017 年 1 月 9 日 |
| 23 | 后装模块装配 | 1 个工作日 | 2017 年 1 月 12 日 |
| 24 | 主体设备模块装配 | 1 个工作日 | 2017 年 1 月 13 日 |

注：表中阴影行见表11-4

表11-4　"芦家巷"项目建造图信息栏（表11-3中阴影行）

| 索引栏 | | 信息栏 | | | | | | |
|---|---|---|---|---|---|---|---|---|
| | 建造工序 | | 建造工序 | 现场 | 人员 | 机具 | 物料 | | 工时/h |
| 三级建造工序 | 设计方案深化 | 1 | 钢筋混凝土基础构件吊装入水 | | 9 | 5t 小吊车 | 混凝土块 | 75 | 3 |
| | 材料配置 | | 钢筋混凝土基础构件粗定位 | | 5 | 线、树枝、管子、绳子、棍子 | | | 2 |
| | 基础地梁制作 | | 钢筋混凝土基础构件精细定位 | | 5 | 尺子、线、棍子 | | | 1 |
| | 主体围护构件制作 | | | | | | | | |
| | 屋顶围护构件制作 | | | | | | | | |
| | 主体内装构件制作 | | | | | | | | |
| | 屋顶内装构件制作 | | | | | | | | |
| | 环境构件制作 | 2 | 放置钢基座构件 | | 4 | | 可调支座 | 75 | 1 |
| | 家具配置 | | 钢基座构件调平 | | 4 | 煤气切割机 | | | 4 |
| | 设备配置 | | | | | | | | |
| | 运输 | | | | | | | | |
| | 现场定位 | 3 | 地梁构件放置 | | 5 | 绳子、棍子 | 125-125H 型钢-（12000） | 8 | 2 |
| | 基础模块装配 | | 位置调整及连接 | | 5 | 电动扳手 | 125-125H 型钢-（3050） | 44 | 3 |
| | 环境模块装配 | 4 | 地梁刷漆 | | 4 | 油漆 | 100-48C 型钢-（250） | 10 | 2 |
| | 主体结构模块装配 | | | | | | | | |
| | 屋顶结构模块装配 | | | | | | | | |
| | 主体围护模块装配 | | | | | | | | |
| | 屋顶围护模块装配 | | | | | | | | |
| | 主体内装模块装配 | | | | | | | | |
| | 屋顶内装模块装配 | | | | | | | | |
| | 后装模块装配 | | | | | | | | |
| | 主体设备模块装配 | | | | | | | | |

表11-5　由建造图提取的"芦家巷"项目三级建造施工组织计划

| 建造工序 | 现场 | 实际建造情况 | 人员 | 机具 | 物料（一级构建表） | | 工时（日期） |
|---|---|---|---|---|---|---|---|
| 基础模块装配 | | | 9 | 5t 小吊车绳子棍子 | 可调支座 | 75 | 12月31日-1月2日 |
| | | | | | 混凝土块 | 75 | |
| | | | | | 125-125H 型钢-（12000） | 8 | |
| | | | | | 125-125H 型钢-（3050） | 44 | |
| | | | | | 100-48C 型钢-（250） | 10 | |
| 环境模块装配 | | | 5 | 电动扳手电钻机煤气切割机 | 60 方管-（3050） | 126 | 12月31日-1月2日 |
| | | | | | 60 方管-（220） | 150 | |
| | | | | | 60 方管-（1260） | 82 | |
| 主体结构模块装配 | | | 9 | 电动扳手 | 单片框架 A | 10 | 1月2日-1月4日 |
| | | | | | 单片框架 B | 8 | |
| | | | | | 单片框架 C | 2 | |
| | | | | | 角件 | 60 | |
| | | | | | 目字形框 | 25 | |
| | | | | | 口字形框 | 15 | |
| 屋顶结构模块装配 | | | 9 | 电动扳手 | 60 方管-(2880) | 86 | 1月4日-1月6日 |
| | | | | | 60 方管-(4150) | 20 | |
| | | | | | 60 方管-(7820) | 10 | |
| | | | | | 60 方管-(1420) | 10 | |
| | | | | | 60 方管-(1130) | 24 | |
| | | | | | 60 方管-(770) | 24 | |
| | | | | | 60 方管-(417) | 24 | |
| | | | | | 60 方管-(1180) | 10 | |
| | | | | | 60 方管-(1820) | 4 | |
| | | | | | 60 方管-（90） | 4 | |
| | | | | | 60 方管-（2200） | 2 | |
| | | | | | 40-20 方管-（4150） | 72 | |
| | | | | | 40-20 方管-（525） | 21 | |
| | | | | | 斜拉 | 24 | |
| | | | | | 顶连接 1 | 24 | |
| | | | | | 顶连接 2 | 18 | |
| | | | | | 顶连接 3 | 18 | |
| | | | | | 顶连接 4 | 6 | |
| | | | | | 顶连接 5 | 12 | |
| | | | | | 顶连接 6 | 30 | |
| | | | | | 顶连接 7 | 2 | |
| | | | | | 顶连接 8 | 2 | |

| 建造工序 | 现场 | 实际建造情况 | 人员 | 机具 | 物料（一级构建表） | | 工时（日期） |
|---|---|---|---|---|---|---|---|
| 主体围护模块装配 | | | 5 | 电动扳手 打胶机 | 外墙板 -（1405-450） | 40 | 1 月 4 日 - 1 月 7 日 |
| | | | | | 窗（2080-1405） | 20 | |
| | | | | | 围护连接 1 | 180 | |
| | | | | | 外墙板 -（1750-450） | 8 | |
| | | | | | 外墙板 -（2300-450） | 4 | |
| | | | | | 外墙板 -（207-207-2980） | 4 | |
| | | | | | 外墙板 -（350-2530） | 4 | |
| | | | | | 外墙板 -（190-1600） | 2 | |
| | | | | | 门 -（800-2340） | 4 | |
| | | | | | 窗（1750-2080） | 4 | |
| | | | | | 60 木方 -（5660） | 20 | |
| | | | | | 60 木方 -（520） | 186 | |
| | | | | | 钢板 -（5870-2280） | 5 | |
| | | | | | 18 厚木板 -（5660-1880） | 5 | |
| | | | | | 40 厚保温板 -（5660-1880） | 5 | |
| | | | | | 15 厚木地板 -（5660-1880） | 5 | |
| | | | | | 岩棉 | 若干 | |
| 屋顶围护模块装配 | | | 4 | 电动扳手 打胶机 | 天沟扣板 -（940-3060） | 10 | 1 月 6 日 - 1 月 9 日 |
| | | | | | 围护连接 1 | 360 | |
| | | | | | 围护连接 2 | 168 | |
| | | | | | 屋面板 -（550-1996） | 40 | |
| | | | | | 屋面板 -（220-1996） | 8 | |
| | | | | | 屋面压条 -（48-4108） | 20 | |
| | | | | | 屋面收边 -（1996） | 8 | |
| | | | | | 屋脊盖板 -（550） | 10 | |
| | | | | | 屋脊盖板 -（220） | 2 | |
| | | | | | 屋脊收边 | 2 | |
| | | | | | 天沟 -（3060） | 4 | |
| | | | | | 山墙面屋顶 1 | 2 | |
| | | | | | 山墙面屋顶 2 | 2 | |
| | | | | | 山墙面屋顶 3 | 2 | |
| | | | | | 山墙面屋顶 4 | 2 | |
| | | | | | 山墙面屋顶 5 | 2 | |
| | | | | | 山墙面屋顶 6 | 2 | |
| | | | | | 山墙面屋顶 7 | 2 | |
| | | | | | 山墙面屋顶 8 | 2 | |
| | | | | | 山墙面屋顶 9 | 2 | |
| | | | | | 山墙面屋顶 10 | 2 | |
| | | | | | 山墙面屋顶 11 | 2 | |
| | | | | | 山墙面屋顶 12 | 2 | |
| | | | | | 檐口 1 | 2 | |
| | | | | | 檐口 2 | 2 | |
| | | | | | 雨棚板 -（550-1770） | 8 | |
| | | | | | 雨棚板 -（550-1720） | 8 | |
| | | | | | 雨棚板 -（105-115-105） | 8 | |
| | | | | | 雨棚边板 1 | 4 | |
| | | | | | 雨棚边板 2 | 2 | |
| | | | | | 雨棚边板 3 | 2 | |

| 建造工序 | 现场 | 实际建造情况 | 人员 | 机具 | 物料（一级构建表） | | 工时（日期） |
|---|---|---|---|---|---|---|---|
| 主体内装模块装配 | | | 4 | 打胶机 电钻机 射钉机 | 内墙板 1 | 20 | 1月7日– 1月10日 |
| | | | | | 内墙板 2-(2737) | 6 | |
| | | | | | 内墙板 3-(2737) | 6 | |
| | | | | | 吊顶板 –（2870–660） | 9 | |
| | | | | | 围护连接 1 | | |
| | | | | | 内墙板 2-(2695) | 4 | |
| | | | | | 内墙板 3-(2695) | 4 | |
| | | | | | 内墙板 4 | 2 | |
| | | | | | 内墙板 5 | 2 | |
| | | | | | 内墙板 6 | 2 | |
| | | | | | 内墙板 7 | 2 | |
| | | | | | 竖向内墙板 1 | 2 | |
| | | | | | 竖向内墙板 2 | 2 | |
| | | | | | 竖向内墙板 3 | 2 | |
| | | | | | 竖向内墙板 4 | 2 | |
| | | | | | 山墙板 1 | 4 | |
| | | | | | 山墙板 2 | 2 | |
| | | | | | 山墙板 3 | 2 | |
| | | | | | 山墙板 4 | 4 | |
| 屋顶内装模块装配 | | | 3 | 打胶机 电钻机 射钉机 | 天花板 1 | 130 | 1月9日– 1月12日 |
| | | | | | 天花板 2 | 12 | |
| | | | | | 屋顶内装 1 | 2 | |
| | | | | | 屋顶内装 2 | 2 | |
| | | | | | 屋顶内装 3 | 2 | |
| | | | | | 屋顶内装 4 | 2 | |
| | | | | | 屋顶内装 5 | 2 | |
| | | | | | 围护连接 1 | 20 | |
| 后装模块装配 | | | 4 | 打胶机 电钻机 射钉机 | 外墙盖缝板 –（250–2937） | 8 | 1月12日– 1月13日 |
| | | | | | 围护连接 1 | 80 | |
| | | | | | 钢板 –（15m2） | 8 | |
| | | | | | 60 木方 –（5865） | 16 | |
| | | | | | 60 木方 –（518） | 32 | |
| | | | | | 18 厚木板 –（14m2） | 8 | |
| | | | | | 40 厚保温板 –（14m2） | 8 | |
| | | | | | 15 厚木地板 –（14m2） | 8 | |
| | | | | | 岩棉 | 若干 | |
| | | | | | 屋面板 –（220–1996） | 8 | |
| | | | | | 压条 –（48–4108） | 16 | |
| | | | | | 围护连接 2 | 56 | |
| | | | | | 竖向内墙板 3 | 16 | |
| | | | | | 切角内墙板 1 | 16 | |
| | | | | | 切角内墙板 2 | 16 | |
| | | | | | 内墙板 4 | 16 | |
| | | | | | 天花板 1 | 16 | |
| | | | | | 天花板 2 | 16 | |
| | | | | | 天花板 3 | 16 | |
| | | | | | 天花板 4 | 16 | |
| | | | | | 天花板 5 | 16 | |

续表

| 建造工序 | 现场 | 实际建造情况 | 人员 | 机具 | 物料（一级构建表） | | 工时（日期） |
|---|---|---|---|---|---|---|---|
| 主体设备模块装配 | | | 2 | 油漆电焊机电钻机 | 顶灯 | 15 | 1月13日－1月14日 |
| | | | | | 空调 | 2 | |

### 11.2.2.2　工程竣工效果

**图11-11　南侧入口**
图片来源：笔者自摄

**图11-12　东侧人视图**
图片来源：笔者自摄

**图11-13　室内效果**
图片来源：笔者自摄

图11-14　鸟瞰
图片来源：笔者自摄

### 11.2.3　协同运维

　　协同运维的主要内容包括建筑说明书、使用运维和回收再利用三个部分。由于"芦家巷"项目2017年1月刚落成，还没有构件维修和更换记录，因此这里只列举构件责任方清单和建筑使用说明书的部分内容如表11-6和图11-15所示。

表11-6　"芦家巷"项目构件责任方清单（局部）

| | 构件名称 | 责任方 | 联系方式 |
|---|---|---|---|
| 设备 | 智能家居设备 | 筑道智能科技有限公司 | |
| | 污水处理设备 | 东南大学土木学院 | |
| | 整体浴室 | 苏州科逸住宅设备股份有限公司 | |
| | 太阳能设备 | 皇明新能源产品有限公司 | |
| | …… | …… | |
| 构件 | 建筑构件 | 思丹鼎建筑科技有限公司 | |
| | …… | …… | |

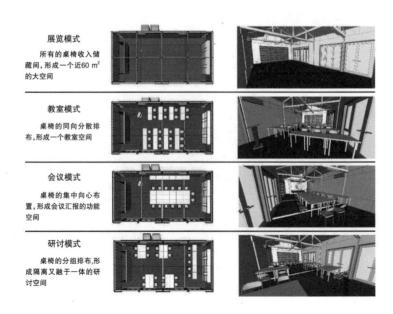

展览模式
　所有的桌椅收入储藏间，形成一个近60 m²的大空间

教室模式
　桌椅的同向分散排布，形成一个教室空间

会议模式
　桌椅的集中向心布置，形成会议汇报的功能空间

研讨模式
　桌椅的分组排布，形成隔离又融于一体的研讨空间

图11-15　建筑使用说明书（节选）
图片来源：工作室项目组

### 11.2.4　协同利益分配

"芦家巷"项目与"梦想居"项目的产业联盟架构相同（图 8-6），这体现了产业联盟"长期合作"的组织原则。各方经过多个项目的磨合，已经形成了可信赖的合作关系，对于设计、建造、运维各阶段的流程也比较熟悉。因此，长期稳定的产业联盟是协同模式的必要保障。

## 11.3　适应性验证

为验证文中所述方法的适应性，选取了"芦家巷"项目进行验证。"芦家巷"项目与本书理论所设想的情况不同之处在于：

该项目位于住宅小区的地下车库之上，大型起重机具和车辆均不能进入场地，小区内亦没有空间设置工地工厂，因此从理论上说，没有二级建造阶段，也就没有二级构件。以主体结构体为例，结构构件并没有先组装成结构体，再吊装到工位，而是以构件的形式直接装配到工位的，因此从理论上说"主体结构体"这个构件并不存在，"主体结构体装配"这个二级装配工序也并不存在。那是否意味着流程应做出相应更改，即二级构件设计阶段应该取消呢？

实际情况并不是这样，如图 11-16 所示，在装配过程中"主体结构体"这个构件其实是存在的，只是它不是在工位上形成的，而是在工地工厂上形成的；"主体结构体装配"这一工序也是存在的，只是它不再是二级建造工序，而只是三级建造工序中的一组工序。所以，虽然在理论上没有二级构件和二级建造阶段，但仍然需要对"主体结构体"进行建筑设计和建造设计。

从这个工程实例中，我们可以总结，即使某项目缺少二级或一级装配阶段，即没有工地工厂加工或工厂预制环节，其建筑设计和建造设计流程仍然与第 10 章所述的流程相同，二级构件设计或一级构件设计仍然应该正常进行。

从更广义的角度看，这也解释了本书所述方法对于重型建筑的适用性，因为重型建筑以湿作业为主，虽然在很多情况下缺少工厂预制和工地工厂加

**图11-16　"芦家巷"项目结构体装配过程**
图片来源：笔者自摄

工环节，但其原理仍然与本节所举例子相同。如9.1.1节所述，构件划分具有一定的灵活性，只要划分了适当的构件层级，本方法对以非装配式的重型建筑也具有相同的适用性。因此在这里要再次强调，本书以两个装配式轻型房屋为主要例子，是因为轻型房屋的构件层级更明确，交接关系更清楚，便于说明理论和发现问题，但并不意味着本书所提出的方法是只针对装配式轻型房屋的，亦适用于以湿作业为主的重型建筑，如本书所举例子"忆徽堂"。

## 11.4 延续性验证

在第10章中，对协同模式的各个流程以"梦想居"为例进行了详细说明。"芦家巷"项目是"梦想居"的下一代产品，因此可以从"梦想居"项目形成的构件库中获取构件信息，对构件进行调用、优化或淘汰，从而反映出构件化的协同在不同项目中的延续性。

### 11.4.1 构件调用

例如，"芦家巷"项目在设计中，直接调用了"梦想居"的屋顶围护构件。二者的屋顶形式虽然略有不同，但屋顶围护构件的类型相同，都采取了白色铝板内置保温材料的构造（图11-17左）。只需从构件库中调用"梦想居"的屋面板构件，调节尺寸即可（图11-17右）。构件的直接调用，是对构件"独立组合性"的运用，大大减轻了设计人员的工作量，让设计人员可以充分利用已成熟技术，只专注于重点技术的研发。

**图11-17 构件调用图示（左：屋顶围护构件；右上"芦家巷"；右下："梦想居"）**
图片来源：笔者自摄

### 11.4.2　构件优化

　　"梦想居"的结构体采用了斜拉构件，以增加结构强度，但也造成了某些墙面无法开窗的局限。"芦家巷"项目设计时对"梦想居"的结构体进行了优化，取消了原本阻碍开窗的拉索，以"框构件"代替，在保证强度不变的情况下，不仅不影响开窗，还形成了门框和窗框上下的梁，方便安装门窗。对构件的优化，规避了原有问题，有效提高了设计质量（图 11–18）。

图11-18　斜拉构件与框构件（左："梦想居"采用"斜拉构件"；右："芦家巷"采用"框构件"）
图片来源：笔者自摄

### 11.4.3　构件淘汰

　　"梦想居"采用的节点是翼板型节点，导致结构构件与围护构件发生碰撞，在安装中只能对围护构件进行切割，安装后再打胶黏合（图 11–19）。"芦家巷"在设计时发现了这一问题，淘汰了这种连接构件，采用了套管连接。从建筑设计上看，取消了翼板从而规避了结构体对内装体的影响；从建造设计上看，钢管只需插入套管内便可实现垂直定位，省去了找平和定位的时间，更加易于安装。

图11-19　节点连接构件（左："梦想居"节点连接构件，右："芦家巷"改进后的节点连接构件）
图片来源：笔者自摄

## 11.5 本章小结

本章通过实际项目"芦家巷社区活动中心"项目对本书所提出的观点和方法加以验证，之所以选择这一项目，有3方面原因：一是轻型结构建筑的构件层级更清晰，装配步骤更复杂，因此更容易发现问题，从而验证方法的可行性；二是该项目没有条件设置工地工厂，因此没有二级建造阶段，与本书所设想的情况不一致，因此可以验证方法对于实际情况的适应性；三是"芦家巷"与"梦想居"属于同一建筑类型，前者是后者的下一代产品，可以由此验证本书所述方法在不同项目中的延续性。

可行性验证针对项目实施的全过程。本章呈现了从产业联盟的构建，到协同设计、协同建造的各阶段成果，证明了该方法在"芦家巷"项目中的可行性。

适应性验证针对项目与理论的不同之处。通过实际操作发现，"芦家巷"项目虽然在理论上没有"二级建造阶段"，也没有"二级构件"，但二级建筑设计和建造设计流程仍然是与理论相同的，并且不可缺少。这种适应性还可以扩展至以湿作业为主的重型结构建筑，即使没有工厂预制和工地工厂加工环节，只要划分了适当的构件层级，该方法就同样适用，从而证明了该方法对非装配式建筑和以湿作业为主的重型建筑的适应性。

延续性验证针不同项目之间的关联。"芦家巷"从"梦想居"的构件库中获取了构件信息，并对构件进行调用、优化或淘汰，从而反映出该方法的延续性。

# 第 12 章  总结和展望

## 12.1  总结

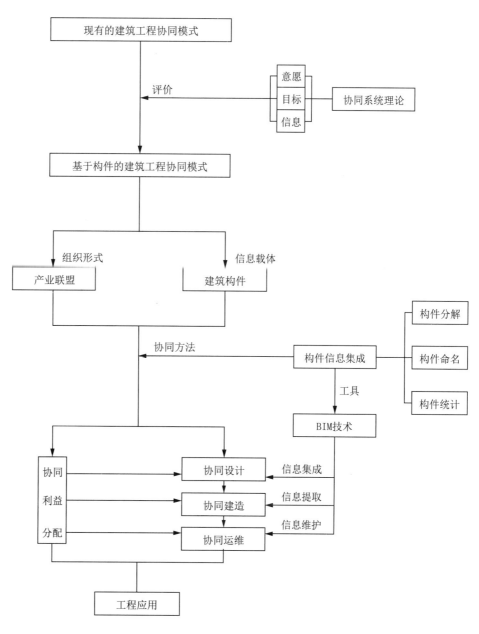

**图12-1  论证思路**
图片来源:笔者自绘

本书针对建筑行业广泛存在的协同问题进行了分析，借鉴了系统科学领域的"协同系统理论"，提出了协同系统运行的 3 个主要的影响因子：意愿、目标、信息，并据此对现有的建筑工程协同模式进行评价，提出一种新型的、基于构件的建筑工程协同模式。该模式的组织形式是"基于构件的产业联盟"，即项目的各参与方通过协同利益分配形成长期的合作关系，并在每个工程项目中对其所提供的构件的全生命周期负责；该模式的信息载体是"建筑构件"，进而提出针对该模式的构件化协同方法——"构件信息集成"，并将构件分为 3 个建造层级和 4 类功能模块，每个构件包含设计、建造、运维三类信息；通过构件命名和统计的方法，对构件中包含的信息分类、分级地提取，从而对各工程要素进行分模块、分阶段地控制，BIM 技术是实现该方法的理想工具。落实到具体的操作层面，提出该协同模式的流程"四个协同"——协同设计、协同建造、协同运维、协同利益分配，其中协同设计、建造和运维分别对应建筑工程的三个阶段，协同利益分配贯穿建筑工程的全过程，是前三个协同顺利进行的保障，并对传统"施工图"加以改进，提出以工序为核心，可以直接指导建造的表格化图纸系统——"建造图"。其后通过实际项目"芦家巷社区活动中心"对该模式的可行性、适应性和延续性进行了验证。最后总结了本研究的意义和不足，并对协同模式进行了展望，提出制度转变和技术发展可推动协同模式的发展。

本书主要做了以下三个方面的工作：

（1）提出了基于构件的建筑工程协同模式

该协同模式以基于构件的产业联盟为基础，提出了以"构件责任制度"约束各参与方为构件全生命周期负责，因此各方必须参与建筑工程的全生命周期，并通过构件协同在一起。相比于传统的以阶段为核心的协同组织形式，更有力地促进了协同。

该模式以建筑构件为信息载体，相比于传统的信息传递方式，由于信息载体不统一导致信息传递效率不高，以建筑的物质实体为信息载体可以连接各参与方和各工程阶段，是最直接、高效的信息媒介。

（2）提出了基于构件的建筑工程协同方法——构件信息集成

构件信息集成利用构件的分解、命名、统计方法，实现对建筑工程全部阶段的控制，其意义在于通过分类、分级的方法将建筑的物质实体与建造工序联系起来，因此打破了传统的先设计后建造的思路，而是从设计之初，就与建造紧密联系在一起。构件设计完成，工序关系也就确定下来了。

除此之外，构件信息集成的方法还与 BIM 技术有很强的关联性，该方法所指向的 BIM 技术，是现阶段使用最广泛的协同工具，因此也就使该方法更具有实用意义。

（3）提出了基于构件的建筑工程协同流程——四个协同

本书还将方法落实到具体的操作层面，详细说明了协同设计、协同建造、协同运维和协同利益分配的具体流程。这四个流程仍然以"构件"为核心，通过一系列的表格化图纸系统，量化了建筑工程的全过程。具体地说，传统模式下设计依靠设计人员的经验判断，建造依据设计人员提供的施工图，运维则与设计建造过程几乎完全脱离。在基于构件的协同模式下，设计的过程被量化为一系列的构件信息表格，表格提示了在每一个设计层面应该考虑的设计问题，因此摆脱了仅凭借经验设计的盲目性。建造过程则在以工序为核心的表格系统指导下完成，改变了传统的施工图只能呈现建造的最终状态，与工序毫无干系的现状。要形成基于工序的"建造图"，就必须打破设计建造割裂的局面，在设计阶段就进行充分的建造设计。运维阶段是对"构件库"的维护，从而让该表格系统能在不同项目之间具有延续性。建筑工程全生命周期都在清晰、明确、可量化的表格系统控制下进行，规避了建筑工程可能发生的混乱，提高了协同的效率。

由于作者水平和经验有限，文中某些具体问题需要在以后的工作学习中继续摸索。例如，9.4.1 节提出的"构件信息表"信息分类方式可以进一步检验和探讨。目前本书将建筑工程中需要控制的构件信息分为 3 个大类，11 个小类，这个分类结构可以根据不同项目的实际情况进行删减和补充。

如前文所述，构件信息是对构件物质实体的模拟，因此对构件赋予的信息越多，对物质实体的模拟就越真实，工程控制就越准确；但如果信息过多，又会造成文件过大、项目控制难度增加等问题。例如，目前普遍存在的 Revit文件过大，导致程序难以运行，不得不把总项目模型拆分成好几个部分分别建模的问题就是构件信息量超过了软件运行能力的反映。因此，要解决这个问题，需要从两方面入手：一是要继续研究，摸索更科学合理的构件信息构架，对现有的构架进行调整和补充，在保障覆盖建筑工程需要控制的各项因素的前提下尽可能精简信息量；二是要继续发展协同工具，提高协同软件的信息承载能力，更好地实现构件信息集成。

## 12.2  展望

我国现有的建筑工程协同模式产生的原因，很大程度上源于我国现行的招投标制度，因此对现状影响最大的也是制度。如果要产生更为灵活的、能容纳和允许以市场调配为主的组织形式，就需要从制度上入手改变。如果招投标政策得以放宽，允许建筑工程的各参与方能组成灵活的、联盟式的团队，参与到招投标活动中去，那么或许就可以产生更多、更适应市场规律的建筑工程组织形式（如本书所提到的基于构件的产业联盟），从而从制度层面拉动协同模式的发展。

同时，BIM 技术作为现阶段协同的重要工具，其发展应该更贴近建筑工程协同模式的实际需要，更好地承担起其作为建筑工程协同信息平台的作用。就这一点而言，应该更加深入地研究建筑工程协同过程中的信息种类和流动方式等问题，以此来指导 BIM 技术的优化。例如，要提高协同软件的信息承载能力和响应速度，搭载更多专业平台等。这样 BIM 技术才能充分发挥其作为协同工具的作用，从而以技术推动协同模式的发展。

因此，协同模式的发展有赖于制度和技术发展的推动，三者应该互相促进，共同发展。

# 参考文献

**中文文献**

[ 1 ] 弗兰姆普敦 . 建构文化研究：论 19 世纪和 20 世纪建筑中的建造诗学 [M]. 王骏阳，译 . 北京：中国建筑工业出版社，2007.

[ 2 ] 程大金，奥诺伊，祖贝比勒 . 图解建筑结构：模式、体系与设计 [M]. 张宇，陈艳妍，译 . 天津：天津大学出版社，2015.

[ 3 ] 社团法人预制建筑协会 . 预制建筑总论：第一册 [M]. 朱邦范，译 . 北京：中国建筑工业出版社，2012.

[ 4 ] 张宏，朱宏宇，吴京，等 . 构件成型·定位·连接与空间和形式生成：新型建筑工业化设计与建造示例 [M]. 南京：东南大学出版社，2016.

[ 5 ] 日本建筑学会 . 建筑结构创新工学：Archi-Neering Design[M]. 郭屹民，傅艺博，解文静，等译 . 上海：同济大学出版社，2015.

[ 6 ] 住房和城乡建设部住宅产业化促进中心 . 大力推广装配式建筑必读：制度·政策·国内外发展 [M]. 北京：中国建筑工业出版社，2016.

[ 7 ] 住房和城乡建设部住宅产业化促进中心 . 大力推广装配式建筑必读·技术·标准·成本与效益 [M]. 北京：中国建筑工业出版社，2016.

[ 8 ] 孟建民，龙玉峰 . 深圳市保障性住房模块化、工业化、BIM 技术应用与成本控制研究 [M]. 北京：中国建筑工业出版社，2014.

[ 9 ] 中国城市科学研究会绿色建筑与节能专业委员会 . 建筑工业化典型工程案例汇编 [M]. 北京：中国建筑工业出版社，2015.

[10] 卢家森 . 装配整体式混凝土框架实用设计方法 [M]. 长沙：湖南大学出版社，2016.

[11] 庄伟，匡亚川，廖平平 . 装配式混凝土结构设计与工艺深化设计从入门到精通 [M]. 北京：中国建筑工业出版社，2016.

[12] 深圳市华阳国际工程设计有限公司 . 新建筑：中国建筑工业化技术的探索和实践 [M]. 北京：中国建筑工业出版社，2014.

[13] 陈建伟，苏幼坡 . 装配式结构与建筑产业现代化 [M]. 北京：知识产权出版社，2016.

[14] 刘海成，郑勇 . 装配式剪力墙结构深化设计、构件制作与施工安装技术指南 [M]. 北京：中国建筑工业出版社，2016.

[15]　车宏亚 . 混凝土结构原理 [M]. 天津：天津大学出版社，1999.

[16]　基兰，廷伯莱克 . 再造建筑：如何用制造业的方法改造建筑业 [M]. 何清华，译 . 北京：中国建筑工业出版社，2009.

[17]　周德群 . 系统工程概论 [M]. 北京：科学出版社，2007.

[18]　周德群 . 系统工程方法与应用 [M]. 北京：电子工业出版社，2015.

[19]　邹治平，刘艳红 . 社会系统理论的创始人：切斯特·巴纳德 [M]. 保定：河北大学出版社，2005.

[20]　邓铁军 . 工程建设项目管理 [M]. 武汉：武汉理工大学出版社，2009.

[21]　BIM 工程技术人员专业技能培训用书编委会 . BIM 应用与项目管理 [M]. 北京：中国建筑工业出版社，2016.

[22]　哈肯 . 协同学 [M]. 凌复华，译 . 上海：上海译文出版社，2005.

[23]　顾元勋 . 分工与治理：动态制造联盟的组织机理 [M]. 北京：清华大学出版社，2014.

[24]　杨俊杰 . 工程承包项目案例精选及解析 [M]. 北京：中国建筑工业出版社，2009 .

[25]　赵云龙 . 先进制造技术 [M]. 西安：西安电子科技大学出版社，2006.

[26]　柴邦衡，陈卫，等 . 设计控制 [M]. 北京：机械工业出版社，2001.

[27]　潘雪增 . 并行工程原理及应用 [M]. 北京：清华大学出版社，1997.

[28]　金高庆三 . 建筑生产与施工管理 [M]. 岳宗，译 . 北京：中国建筑工业出版社，1980.

[29]　何清华，罗岚 . 大型复杂工程项目群管理协同与组织集成 [M]. 北京：科学出版社，2014.

[30]　张宏 . 广义居住与狭义居住：居住的原点及其相关概念与住居学 [J]. 建筑学报，2000（6）：47-49.

[31]　蒋博雅，张宏 . 工业化住宅系统的 WBS 体系 [J]. 建筑技术，2015，46（3）：249-251.

[32]　王玉，张宏 . 工业化预制装配住宅的建筑全生命周期碳排放模型研究 [J]. 华中建筑，2015，33（9）：70-74.

[33]　王海宁，张宏，唐芃，等 . 工业化住宅之铝制建筑发展历程以日本铝制住宅发展现状为例 [J]. 室内设计与装修，2010（8）：108-111.

[34]　董凌，张宏，史永高 . 开放与封闭：现代建筑产品系统的演变 [J]. 新建筑，2015（4）：60-63.

[35]　蒋博雅，张宏 . 工业化住宅产品可变式室内装修与家具模块设计 [J]. 建筑技术，2016，47（4）：319-320.

[36]　刘长春，张宏，淳庆，等 . 新型工业化建筑模数协调体系的探讨 [J]. 建筑技术，2015，46（3）：252-256.

[37]　汤璇 . 钢筋工业化：建筑施工领域的一场产业革命 [N]. 广东建设报，2008-08-15（A05）.

[38]　张浩翔 . 钢筋桁架楼承板在钢筋混凝土结构中的应用 [J]. 广东土木与建筑，2013，20（6）：20-22.

[39]　肖飞，张永津 . 钢筋加工机械产品发展现状及趋势 [J]. 建筑机械化，2014，35（2）：63-64.

[40]　邵立 . 建筑工业化与建筑设计 [J]. 建筑学报，1978（02）：10-12.

[41]　吴晓杰，姜绍杰，刘新伟 . 香港建筑工业化设计理念与方法 [J]. 住宅产业，2016(5）：35-38.

[42]　赵中宇，郑姣 . 预制装配式建筑设计要点解析 [J]. 住宅产业，2015（09）：10-16.

[43] 龙玉峰，邹兴兴，徐晶璐，等．建筑工业化成本影响因素研究 [J]．住宅业，2015（6）：36-40.

[44] 王俊，赵基达，胡宗羽．我国建筑工业化发展现状与思考 [J]．土木工程学报，2016，49（5）：1-8.

[45] 吴芸，郑强．对钢筋专业化加工配送的思考与探索 [J]．建筑施工，2010，32（9）：948-950.

[46] 郑强．钢筋工业化的发展与应用 [J]．中国建材科技，2016，25（3）：79-81.

[47] 孙小霞．钢筋笼滚焊机在施工中的应用 [J]．北方交通，2011（5）：158-160.

[48] 孙百亮，于传东，李芳．建筑工程中采用钢筋加工配送形式的施工管理与质量控制 [J]．建筑施工，2010，32（1）：37-39.

[49] 茅洪斌．商品钢筋加工配送的利与弊 [J]．建筑施工，2010，32（1）：32-33.

[50] 程建伟．商品化钢筋工业化生产配送势在必行 [J]．南方金属，2010（2）：7-9.

[51] 雒建奎．双主、箍筋钢筋笼自动滚焊成型施工技术研究 [J]．甘肃科技纵横，2014，43（9）：68-70.

[52] 贾泽辉．推动钢筋工程产业化助力建筑工业化发展 [J]．建筑机械化，2016，37（7）：13-14.

[53] 邱荣祖，林雄．我国成型钢筋加工配送现状与发展对策 [J]．物流技术，2010，29（10）：193-195.

[54] 张会军．现代化建筑钢筋加工配送技术 [C]//2011 年中国钢材加工配送技术学术研讨会论文集．北京：中国金属学会青年委员会，2011：92-99.

[55] 张会军．现代化钢筋加工配送新模式 [J]．施工技术，2010，39（3）：30-31.

[56] 汤洪波．智能化钢筋加工设备在 PC 构件厂的应用研究 [J]．建筑机械化，2016，37（3）：37-40.

[57] 纪颖波，王宁．工业化商品住宅可持续发展社会效益评价 [J]．城市发展研究，2009，16（11）：122-125.

[58] 纪颖波，李晓桐．建筑工业化发展的政策建议 [J]．施工企业管理，2014（5）：60-61.

[59] 纪颖波，赵雄．我国新型工业化建筑技术标准建设研究 [J]．改革与战略，2013，29（11）：95-99.

[60] 纪颖波．新加坡工业化住宅发展对我国的借鉴和启示 [J]．改革与战略，2011，27（7）：182-184.

[61] 纪颖波．新型建筑工业化前路漫漫 [J]．施工企业管理，2012（6）：34-36.

[62] 纪颖波，王松．工业化住宅与传统住宅节能比较分析 [J]．城市问题，2010（4）：11-15.

[63] 纪颖波．我国住宅新型建筑工业化生产方式研究 [J]．住宅产业，2011（6）：7-12.

[64] 纪颖波，付景轩．新型工业化建筑评价标准问题研究 [J]．建筑经济，2013，34（10）：8-11.

[65] 纪颖波．装配式大板住宅适用性能与物理性能调查 [J]．城市问题，2011（6）：37-42.

[66] 杨嗣信．对模板工程工业化施工的建议 [J]．建筑技术开发，2015，42（12）：9-12.

[67] 杨嗣信，吴琏．当前在建筑设计和施工中急需解决的若干问题的探讨 [J]．施工技术，2006，35（5）：76-77.

[68] 杨嗣信．对混凝土框架剪力墙结构装配化施工的若干建议 [J]．建筑技术开发，2015，42（9）：8-11.

[69] 杨嗣信．关于建筑地下工程建筑工业化的问题 [J]．建筑技术，2016，47（9）：774-776.

[70] 杨嗣信．关于建筑工业化问题的探讨 [J]．施工技术，2011，40（16）：1-3.

[71] 杨嗣信．混凝土结构工程的施工现状和发展 [J]．施工技术，2013，42（1）：3-6.

[72] 杨嗣信，吴琏．几项主要新技术的应用现状及发展趋势 [J]．施工技术，2011，40（1）：3-7.

[73]  杨嗣信.建国 60 年来我国建筑施工技术的重大发展 [J].建筑技术，2009，40（9）：774-778.

[74]  杨嗣信.论建筑工业化如何解决"四板"问题 [J].城市住宅，2014（9）：32-34.

[75]  杨嗣信.浅谈几项新技术的改革创新 [J].施工技术，2014，43（1）：4-6.

[76]  杨嗣信，王凤起.关于现浇钢筋混凝土工业化施工的问题 [J].建筑技术，2016，47（4）：294-297.

[77]  杨嗣信.对模板工程工业化施工的建议 [J].建筑技术开发，2015，42（12）：9-12.

[78]  黄新，陈祖新，刘长春.全预制装配整体式框架结构外挂墙板的设计及施工 [J].建筑施工，2015，37（11）：1292-1294.

[79]  闵立.预制装配式混凝土外墙挂板设计关键技术研究 [J].住宅科技，2014，34（6）：38-41.

[80]  沈祖炎，李元齐.建筑工业化建造的本质和内涵 [J].建筑钢结构进展，2015，17（5）：1-4.

[81]  叶浩文.新型建筑工业化的思考与对策 [J].工程管理学报，2016，30（2）：1-6.

[82]  叶浩文，李丛笑.新型建筑工业化与未来建筑的发展 [J].建设科技，2016（19）：45-49.

[83]  叶浩文，樊则森.装配式建筑新国标编制中的"三个一体化"发展论 [J].住宅与房地产，2017（3）：48-50.

[84]  叶明.《工业化建筑评价标准》深度解读 [J].工程建设标准化，2016（2）：49-51.

[85]  叶明.发展装配式建筑 驱动建筑产业现代化 [J].工程建设标准化，2016（8）：6-7.

[86]  叶明，易弘蕾.发展装配式建筑 推行工程总承包模式 [J].建设科技，2016（19）：53-55.

[87]  叶明.工程总承包是推动装配式建筑发展的重要途径 [N].中国建设报，2016-10-11（007）.

[88]  叶明，武洁青.关于推动新型建筑工业化发展的思考 [J].住宅产业，2013（Z1）：11-14.

[89]  叶明.国家标准《工业化建筑评价标准》解读 [J].住宅产业，2016（1）：30-32.

[90]  叶明.建筑产业现代化不等于装配化 [J].住宅产业，2014（10）：1.

[91]  史美林.CSCW：计算机支持的协同工作 [J].通信学报，1995，16（1）：55-61.

[92]  杨德荣.协同意义下的建筑工程变更问题分析 [J].工程建设与设计，2013（5）：203-207.

[93]  韩英波.基于技术状态管理的探讨 [J].计算机与网络，2006，32（24）：38-39.

[94]  周昕.基于 BIM 的施工场地动态布置方案评选 [J].城市建设理论研究，2015，5（14）：67.

[95]  杜静，仲伟俊，叶少帅.供应链管理思想在建筑业中的应用研究 [J].建筑，2004（5）：52-55.

[96]  滕佳颖，吴贤国，翟海周，等.基于 BIM 和多方合同的 IPD 协同管理框架 [J].土木工程与管理学报，2013，30（2）：80-84.

[97]  秦佑国，韩慧卿，俞传飞.计算机集成建筑系统（CIBS）的构想 [J].建筑学报，2003（8）：41-43.

[98]  李犁，邓雪原.基于 BIM 技术建筑信息标准的研究与应用 [J].四川建筑科学研究，2013，39（4）：395-398.

[99]  钟炜，姜腾腾.基于 BIM 的建筑工程项目多利益方协同机制框架研究 [J].土木建筑工程信息技术，2014，6（5）：95-101.

[100] 杨科，车传波，徐鹏，等.基于 BIM 的多专业协同设计探索系列研究之一：多专业协同设计的目的及工作方法 [J].四川建筑科学研究，2013，39（2）：394-397.

[101] 张建新. 建筑信息模型在我国工程设计行业中应用障碍研究 [J]. 工程管理学报，2010，24（4）：387-392.

[102] 何清华，钱丽丽，段运峰，等. BIM 在国内外应用的现状及障碍研究 [J]. 工程管理学报，2012，26（1）：12-16.

[103] 郭秋华，袁海贝贝. 当代建筑协同设计模式初探 [J]. 建筑与文化，2014（1）：91-92.

[104] 高佐人，吴炜煜，房轻舟. 建筑设计协同工作模型设计与实践 [J]. 清华大学学报（自然科学版），2004，44（9）：1244-1248.

[105] 吴吉明，王娜. 基于设计院体制的协同模式研究：以利山大厦项目实践为例 [J]. 土木建筑工程信息技术，2015，7（4）：1-9.

[106] 鲁业红，李启明. 建筑企业基于项目的敏捷动态联盟视图模型构建 [J]. 现代管理科学，2013（3）：11-14.

[107] 牛余琴，张凤林. EPC 总承包项目动态联盟利益分配方法研究 [J]. 工程建设与设计，2013（12）：160-163.

[108] 杨超，常越. 协同设计模式的特点及选择 [J]. 城市建设理论研究，2015（29）：753-754.

[109] 杜栋. 协同、协同管理与协同管理系统 [J]. 现代管理科学，2008（2）：92-94.

[110] 潘铁军，潘晓弘，程耀东. 虚拟企业中 CIPE 的研究与应用 [J]. 中国机械工程，2001，12（Z1）：119-122.

[111] 张宏，丛勐，张睿哲，等. 一种预组装房屋系统的设计研发、改进与应用：建筑产品模式与新型建筑学构建 [J]. 新建筑，2017（2）：19-23.

[112] 何苗，杨海成，敬石开. 基于产品分解结构的复杂产品工作分解技术研究 [J]. 中国机械工程，2011，22（16）：1 960-1 964.

[113] 马晓枫. 建筑设计 BIM 化：项目设计流程分析 [J]. 中国住宅设施，2015（4）：58-60.

[114] 朱竞翔. 约束与自由：来自现代运动结构先驱的启示 [D]. 南京：东南大学，1999.

[115] 段伟文. 连接—结构构件及其与围护构件的连接构造设计与工程应用研究 [D]. 南京：东南大学，2016.

[116] 周春燕. 从套型空间到结构空间：住宅空间、使用、更新一体化设计 [D]. 南京：东南大学，2016.

[117] 王玉. 工业化预制装配建筑的全生命周期碳排放研究 [D]. 南京：东南大学，2016.

[118] 张竹容. 工业化住宅典型案例的比较研究：国外与当代中国 [D]. 南京：东南大学，2009.

[119] 董凌. 建筑构造史框架研究 [D]. 南京：东南大学，2015.

[120] 王博磊. 基于建造控制的既有建筑构件系统改造方法初探：以邳州博物馆改造工程为例 [D]. 南京：东南大学，2015.

[121] 罗佳宁. 建筑外围护结构工业化设计与建造：以独立围护体为例 [D]. 南京：东南大学，2012.

[122] 刘聪. 与吊装系统适配的预制装配构件设计方法研究：以村镇低层住宅为例 [D]. 南京：东南大学，2014.

[123] 王冬 . 我国新型建筑工业化发展制约因素及对策研究 [D]. 青岛：青岛理工大学，2015.

[124] 李纪华 . 我国住宅工业化发展制约因素及对策研究 [D]. 重庆：重庆大学，2012.

[125] 李显金 . 新型建筑模板的研究与应用 [D]. 杭州：浙江大学，2003.

[126] 蔡天然 . 住宅建筑工业化发展历程及其当代建筑设计的启示研究 [D]. 西安：西安建筑科技大学，2016.

[127] 王珊珊 . 城镇化背景下推进新型建筑工业化发展研究 [D]. 济南：山东建筑大学，2014.

[128] 刘云鹤 . 基于建筑拆解设计的建筑工业化体系研究 [D]. 济南：山东建筑大学，2016.

[129] 李传坤 . 制约我国建筑工业化发展的关键问题及应对措施研究 [D]. 聊城：聊城大学，2014.

[130] 翟鹏 . 新型建筑工业化建设项目管理改进研究 [D]. 济南：山东建筑大学，2015.

[131] 宋孝林 . 基于 CSCW 的协同 CAD 系统并发控制的研究与实现 [D]. 西安：西北大学，2006.

[132] 李玉娟 . BIM 技术在住宅建筑设计中的应用研究 [D]. 重庆：重庆大学，2008.

[133] 牛博生 . BIM 技术在工程项目进度管理中的应用研究 [D]. 重庆：重庆大学，2012.

[134] 上海市绿色建筑协会上海 BIM 推广中心 . 2016 上海市建筑信息模型技术应用与发展报告 [M]. 上海，2016.

[135] 苏延莉 . 基于协同理论的工程项目多目标优化研究 [D]. 西安：西安建筑科技大学，2010.

[136] 涂婷婷 . EPC 总承包项目的接口管理研究 [D]. 宜昌：三峡大学，2012.

[137] 盛铭 . 基于信息论的建筑协同设计研究 [D]. 上海：同济大学，2007.

[138] 蔡珏 . 建筑协同设计初探 [D]. 武汉：华中科技大学，2005.

[139] 姚一成 . 基于团队分工的实时协同及多版本协同文档存储技术研究 [D]. 上海：复旦大学，2008.

[140] 丛勐 . 由建造到设计：可移动建筑产品研发过程设计及过程管理方法研究 [D]. 南京：东南大学，2016.

[141] 辛盛 . 三方协作下的工程项目管理信息沟通模式研究 [D]. 西安：西安科技大学，2008.

**英文文献**

[ 1 ] Grenier L，Beba Z，Gray A. Considering prefabulous and almost off the grid[J]. Room One Thousand，2013，1（1）：203-213.

[ 2 ] Rosenman M A，Gero J S. Modeling multiple views in a collaborative environment[J]. Computer-Aided Design，1996，28（3）：193-205.

[ 3 ] Smith R E. Prefab architecture：A guide to modular design and construction[M]. [S.l.]：John Wiley & Sons，2011.

[ 4 ] Herbert G. The dream of the factory-made house：Walter Gropius and Konrad Wachsmann[M]. [S.l.]：The MIT Press，1984.

[ 5 ] Kaufmann M，Remick C. Prefab green[M]. [S.l.]：Gibbs Smith，2009.

[ 6 ] Galindo M. Prefab houses[M]. [S.l.]：Braun，2010.

［7］ Elliott K S，Jolly C K. Multi-storey precast concrete framed structures[M]. Oxford， UK：John Wiley& Sons，Ltd，2013.

［8］ Bachmann H，Steinle A. Precast concrete structures[M]. Berlin：Ernst & Sohn，2011.

［9］ Allen E，Zalewski W. Form and forces：designing efficient，expressive structures[M]. [S.l.]：John Wiley & Sons，2009.

［10］ Davies C. The prefabricated home[M]. [S.l.]：Reaktion Books，2005.

［11］ Bennett D. The art of precast concrete：colour，texture，expression[M]. [S.l.]：Walter de Gruyter，2005.

［12］ Staib G. Components and Systems：Modular Building：Design，Construction，New Technologies[M]. [S.l.]：Birkhäuser，2008.

［13］ Gibb A G F. Off-site fabrication：prefabrication，pre-assembly and modularisation[M]. [S.l.]：John Wiley & Sons，1999.

［14］ Kieran S，Timberlake J. Refabricating architecture：How manufacturing methodologies are poised to transform building construction[M]. McGraw Hill Professional，2003.

［15］ Eastman C，Teicholz P，Sacks R，et al. BIM handbook：A guide to building information modeling for owners：managers designers engineers and contractors [M]. [S.l.]：John Wiley & Sons Inc，2008.

［16］ Goldberg H E. The building information model[J]. CADalyst Cadalyst，2004（21）：56-58.